建设工程关键环节质量预控手册

建筑分册

安装篇

上海市工程建设质量管理协会
上海市建设工程安全质量监督总站 主编

同济大学出版社·上海

图书在版编目(CIP)数据

建设工程关键环节质量预控手册. 建筑分册. 安装篇/上海市工程建设质量管理协会，上海市建设工程安全质量监督总站主编. —上海：同济大学出版社，2022.11
ISBN 978-7-5765-0124-7

Ⅰ. ①建… Ⅱ. ①上… ②上… Ⅲ. ①建筑工程—质量控制—手册②建筑安装—工程质量—质量控制—手册 Ⅳ. ①TU712.3-62

中国版本图书馆 CIP 数据核字(2022)第 005078 号

建设工程关键环节质量预控手册(建筑分册):安装篇

上海市工程建设质量管理协会
上海市建设工程安全质量监督总站 **主编**

策划编辑 高晓辉 **责任编辑** 朱 勇 **责任校对** 徐春莲 **封面设计** 陈益平

出版发行 同济大学出版社 www.tongjipress.com.cn
(地址:上海市四平路 1239 号 邮编:200092 电话:021-65985622)
经　　销 全国各地新华书店
排　　版 南京文脉图文设计制作有限公司
印　　刷 上海市崇明县裕安印刷厂
开　　本 787 mm×1092 mm 1/16
印　　张 9.25
字　　数 231 000
版　　次 2022 年 11 月第 1 版
印　　次 2022 年 11 月第 1 次印刷
书　　号 ISBN 978-7-5765-0124-7

定　　价 120.00 元

编委会

顾　问：裴　晓
主　审：李宜宏
主　任：刘　军
副主任：梁　丰　金磊铭　谢　华
委　员：葛　斌　杜伟国　李本勇　陈洪兴　罗奋生

主　编：谢　华
副主编：张　洁　潘文涛　冯　强
成　员：（排名不分先后）
朱新华　刘学科　韩育淞　刘知凡　陈　萌　谢　铮　潘　健
计豪丰　卢佳华　王荣俊　金　晔　倪　潇　叶世龙　吕佳鑫
袁　洋　许光明　王　汇　施　强　陆孙浩　苏建国　朱　浩
夏　臻　沈慧华　倪志海　杜晓霆　李文思　赵欣怡　熊金高
王　伟　黄剑峰　王从木　刘福建　王　亮　汪黄东　王少华
冯　满

主编单位：上海市工程建设质量管理协会
上海市建设工程安全质量监督总站
参编单位：上海建工集团股份有限公司
上海市安装工程集团有限公司
中国建筑第八工程局有限公司
中建安装集团有限公司
中外建安装有限公司
上海环创安装工程集团有限公司
国家会展中心（上海）有限责任公司

前言

进入新时代，为深入贯彻落实《中共中央 国务院关于开展质量提升行动的指导意见》，坚持以质量第一的价值导向，顺应高质量发展的要求，确保工程建设质量和运行质量，建设百年工程。

建筑工程质量，事关老百姓最关心、最直接、最根本的利益，事关人民对美好生活的向往。随着社会的进步，人民群众对建筑工程品质的要求日益提高，不再满足于有房住，更要求住好房。近年来，国家持续开展工程质量治理和提升行动，在全面落实工程质量主体责任等方面取得了显著成效。质量提升永无止境，面对新形势、新要求，我们要把人民群众对高品质建筑的需求作为根本出发点和落脚点。

近年来，建筑业迅猛发展，建设工程项目中质量问题时有发生，特别是一些质量通病在竣工交付后得不到根治。从质量投诉多发问题来看，外墙渗漏、门窗渗漏、外墙脱落、保温层脱落、墙面开裂、卫生间漏水、水管漏水等质量问题占比较大；从发生质量问题的项目类型来看，以住宅类项目居多。其原因有前期盲目抢工、施工工艺不达标、关键节点做法不正确、施工过程监管不到位等。后续整改维修费时费力，因此，需加强前端针对性预控措施。建筑工程质量问题，重在预控。

上海市工程建设质量管理协会和上海市建设工程安全质量监督总站在参照国家、上海市现行有关法律、法规、规范及工程技术标准基础上，组织上海市各大施工单位总结了工程建设质量管理和质量防治的相关经验，编制了《建设工程关键环节质量预控手册（建筑分册）》（以下简称《质量预控手册建筑分册》）。

《质量预控手册建筑分册》分为结构篇、装饰篇、安装篇、消防篇，比较详细地分析了建筑工程建设过程中对结构安全、交付使用有较大影响的关键环节质量问题的成因、表现形式，提出了针对性的预控手段。

《质量预控手册建筑分册》适用于建筑工程建设现场管理人员的日常质量管理，既可作为现场质量管理的工具书，也可作为参建单位的内部质量培训教材，对设计、监理、供应商等参与工程建设的各相关方提升质量管控水平都有较好的指导、借鉴意义，希望《质量预控手册建筑分册》的出版能对建设工程质量的提升有所帮助。

鉴于时间和水平所限，不足之处在所难免。如有不妥之处，恳请业界同仁批评指正。

编者

2022 年 8 月

目录

1 总则

1.0.1 为进一步提高上海市建筑工程质量水平，规范建筑工程关键环节质量预控工作，推进建筑业健康稳定发展，特编制本手册。

1.0.2 本手册以施工单位施工过程中常见的质量问题为导向，以竣工交付后社会（业主）反映的焦点问题、新技术运用所产生的质量问题、涉及结构安全和使用功能的质量问题应采取的预控措施为内容进行编制。

1.0.3 本手册适用于上海市建筑工程关键环节的质量预控，其他工程关键环节的质量预控可参照本手册的规定执行。

1.0.4 建筑类工程关键环节的质量预控方法、措施和要求除执行本手册外，还应执行国家、上海市现行相关工程建设标准。

2 术语

2.0.1 关键环节

指涉及结构安全和重要使用功能的工序中施工难度大、过程质量不稳定或出现不合格频率较高的施工环节;对产品质量特性有较大影响的施工环节;施工周期长、原材料昂贵、出现不合格品后经济损失较大的施工环节;对形成的产品是否合格不易或不能经济地进行验证的施工环节。

2.0.2 质量预控

针对所设置的质量控制点或分部、分项工程,事先分析施工中可能发生的质量问题和隐患,分析可能产生的原因,并提出相应的对策,采取有效的措施进行预先控制,以防在施工中发生质量问题。

2.0.3 三检制

指自检、互检、专检相结合的质量检验制度。

2.0.4 样板引路

根据设计要求做出基础阶段、主体阶段和装饰阶段中各项工程具体施工顺序、工艺做法、实际使用材料的工程实样,包括重要的部位、关键的节点、新工艺新材料的应用。

2.0.5 冷桥

指在建筑物外围护结构与外界进行热量传导时,由于围护结构中的某些部位的传热系数明显大于其他部位,使得热量集中地从这些部位快速传递,从而增大了建筑物的空调、采暖负荷及能耗。

2.0.6 保护导体

由保护联结导体、保护接地导体和接地导体组成,起安全保护作用的导体。

2.0.7 跳线

不带连接器件或带连接器件的电缆线对与带连接器件的光纤,用于配线设备之间进行连接。

2.0.8 多联机空调系统

一台(组)空气(水)源制冷或热泵机组配置多台室内机,通过改变制冷剂流量适应各房间负荷变化的直接膨胀式空气调节系统。

3 基本规定

3.0.1　建设单位是建设工程质量问题控制的第一责任人，负责组织实施建设工程质量控制，不得随意压缩工程建设的合理工期。在组织实施中应采取相关管理措施，保证本手册的执行。

3.0.2　设计单位在建设工程设计中，应按照本手册的规定采取控制质量问题的相应设计措施，并将质量问题控制的设计措施和技术要求向相关单位交底。

3.0.3　施工单位应认真编写工程质量预控方案，由施工单位技术负责人核准，经监理单位审查、批准后实施。

3.0.4　安装工程施工应符合下列要求：

(1) 安装工程所使用的主要材料、成品、半成品、配件、器具和设备等，其品种、规格、性能等必须符合现行国家或行业产品标准和设计要求。材料进场应进行外观检查、质量证明文件检查、厂家资质检查等；施工质量验收规范或标准规定材料进场需复验的，应检查复验报告。

(2) 各道工序施工严格执行“三检制”，对各道工序加工的产品及影响产品质量的主要工序要素应进行检验，防止不合格品流入下道工序。

(3) 安装工程应实行样板引路制度。工程大面积开工前，应对样板的管线布局、施工质量、施工细节等进行验收和评价，避免大面积施工时因整改和返工造成工期、质量和成本等方面的损失。

(4) 在施工前，项目部须结合工程特点和实际情况，对各工种负责人进行详细质量的交底。交底内容包括施工准备、施工工艺、质量标准、特殊要求、成品保护等方面。

(5) 安装施工过程中应注意成品保护，制订具体的保护措施，特别是后期要防止成品破坏、交叉污染及设备丢失损坏等情况的发生。

4 建筑给水排水及供暖工程

4.1 室内给水系统

4.1.1 套管安装质量控制

【问题描述】

(1) 套管位置偏移(图 4-1)。

(2) 后期管道安装时,套管与对应管道的间隙过小,无法满足保温或防火封堵作业需求(图 4-2)。

(3) 套管过短,无法进行后续粉刷装修(图 4-3)。

图 4-1 套管位置偏移

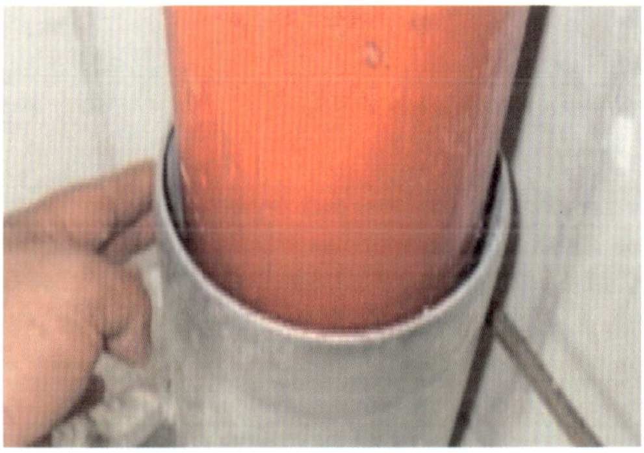

图 4-2 套管与管道的间隙偏小

图 4-3 套管过短,未考虑粉刷

【原因分析】

(1) 套管在具备安装条件时未及时就位,或定位安装时套管未做有效固定来防止偏移。

(2) 选择配套预埋套管时,未考虑规范以及防火封堵和保温等相关要求;在管道口径基础上进行套管参数选择时,所选取的相关参数(长度、口径等)不匹配。

(3) 套管定位尺寸时只考虑结构尺寸,未考虑后续粉刷装修完成面尺寸。

【预控措施】

(1) 加工后套管两端封堵保护,就位时检查封堵是否被破坏、固定是否牢靠(图 4-4)。

(2) 套管加工的尺寸要控制好,重点控制套管长度、套管管径大小及数量(图 4-5)。

(3) 核对装饰装修图纸,充分考虑套管位置距离对粉刷装修的影响(图 4-6)。

图 4-4 套管同步安装到位并固定

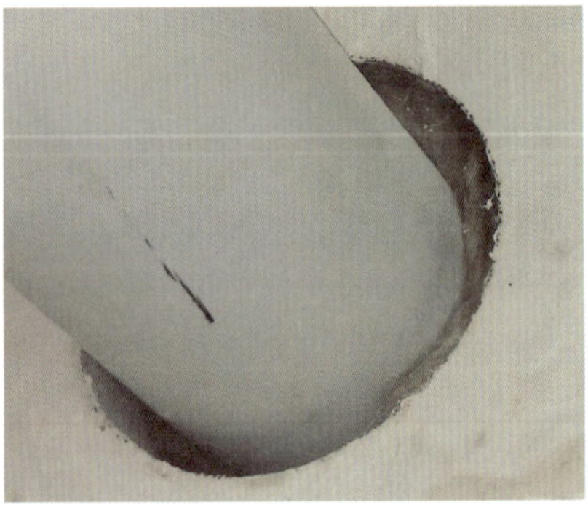

图 4-5 套管与管道的间隙合理

图 4-6 套管适宜,装饰效果好

4.1.2 沟槽加工安装质量控制

【问题描述】

(1) 刚性接头/挠性接头选用不当(图 4-7)。

(2) 接头压槽不规范(图 4-8)。

图 4-7 沟槽接头选用错误

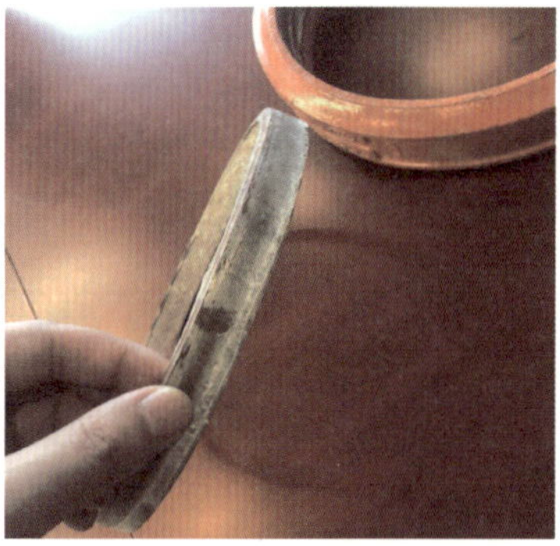

图 4-8 压槽过深,运行中被拉断

【原因分析】

(1) 未根据管道的敷设长度、路径、膨胀和收缩需求来合理设置挠性接头。

(2) 管材或沟槽抱箍等材料不合格,或滚制、切削沟槽时,管道尺寸和沟槽尺寸不符合相关规范的规定。

【预控措施】

(1) 需根据管道的敷设长度、路径、膨胀和收缩需求,合理设置挠性接头;直管管段宜采用刚性接头,在管段上每 4～5 个连续的刚性接头间应设置 1 个挠性接头。直管与管件连接宜采用刚性接头;对有温度补偿功能的弯管、折线形管道,应在其产生角变位的管段上采用挠性接头。

(2) 埋地管道宜采用挠性接头,室外埋地管道进墙管外侧第一个接头必须采用挠性接头,且挠性接头距外墙面不宜大于 300 mm。

(3) 管材、沟槽件等材料必须验收合格后方可进场;采用正规厂家配套提供的带滚槽限位装置的机具加工管道,管道压槽深度及压槽时间必须严格按照《沟槽式连接管道工程技术规程》(T/CECS 151)的相关规定,支吊架设置应严格按照《沟槽式连接管道工程技术规程》(T/CECS 151)的相关规定。

沟槽接头选用合理,如图 4-9 所示;管道接头处压槽质量控制合格,如图 4-10 所示。

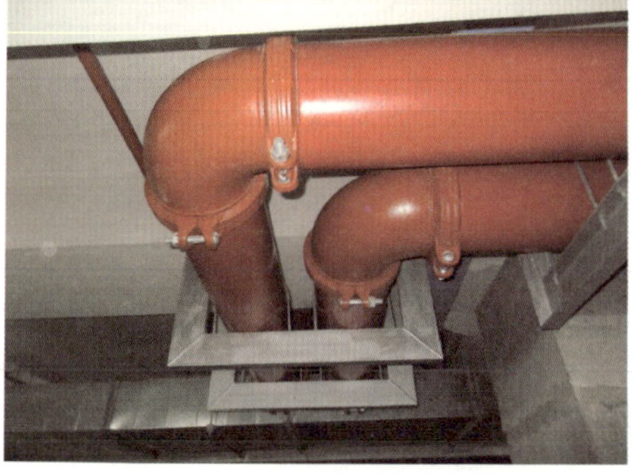

图 4-9 沟槽接头选用合理

图 4-10 管道接头处压槽质量控制合格

4.1.3 热熔管熔接质量控制

【问题描述】

热熔管焊接接口出现熔瘤、熔接圈凹凸不均匀的情况,造成焊口连接不稳、爆口、因热熔产生的内壁熔融凝固物凸入内壁,从而减少有效过水面积(图 4-11)。

图 4-11 热熔管接口部分未融合

【原因分析】

接口产生熔瘤或熔接圈凹凸不均匀的现象,通常是因为管材和管件材质不匹配、未使用合格的热熔机,或管材和管件熔接参数控制不当,或工人实际操作不当;爆口,通常是因为管道连接不当或不牢固。

【预控措施】

(1) 管材和管件宜选用同一厂家的同一批次、同一配方产品,一般建议采用厂家配套的熔焊工具。严格按照厂家工艺参数要求进行参数化的工序交底;当厂家和配方变动后,应推行首件试制和检测制度。

(2) 严格控制热熔管材和管件的刨口、温度、预压、加热时间和冷却时间等因素;热熔操作时,严格按照厂家参数要求,在加热及插接过程中不得随意转动管材和管件,应使轴线重合并直线插入,使彼此的接合面形成均匀饱满的熔接圈(图 4-12)。

图 4-12 热熔管接口部分均匀

(3) 工人操作若不熟练,建议在管材插入端按照厂家交底文件规定的距离,划线确定插入深度,具体操作时严格控制插入的深度。

4.1.4 支架选型、设置质量控制

【问题描述】

支架间距过大,大型阀门处未设置固定支架(图 4-13)。

图 4-13 支架设置不合理

【原因分析】

(1) 施工时,未按照各类管材或不同连接方式的管道规范要求来合理设置支架。另外,阀门等的重量直接通过管线承重,极易造成管道连接处脱落或渗漏。

(2) 长距离的管线,未根据实际需求合理设置固定支架和防晃支架。

【预控措施】

(1) 管道、管道附件等的重量,均应通过配套支架承重(图 4-14)。水平管线对支吊架的垂直载荷应包括管线自重、附件和保温件重量、内部介质和内部构件重量,而水平载荷应包括摩擦力、不平衡内力、弹性力等。

(2) 大型支架生根点应位置正确,埋设应平整牢固;对在砌体上生根固定的支架,应校核该砌体受力后局部受压和倾覆,必要时加混凝土预制块或格构柱;针对支吊架的生根点不同,与混凝土结构采用膨胀螺栓或锚栓连接时,应按照《混凝土结构后锚固技术规程》(JGJ 145—2013)中第 5.2、第 5.3 节的规定进行验算;采用预埋件连接时,应按照《混凝土结构设计规范》(GB 50010—2010)(2015 年版)中第 9.7 节的规定进行验算。

(3) 下列部位宜设置防晃支架:

① 配水管宜在中点处设 1 个防晃支架,但当管径小于 DN50 时可不设;

② 配水干管、配水支管的长度超过 15 m 时,每 15 m 长度内应至少设 1 个防晃支架,但当管径不大于 DN40 时可不设;

③ 管径大于 DN50 的管道拐弯、三通及四通位置处应设 1 个防晃支架。

图 4-14 支架设置合理

4.1.5 阀门、水表安装质量控制

【问题描述】

现场阀门紧贴构筑物,安装或检修困难,无操作空间(图 4-15)。部分水表本体前后管路无足够的直线管段,造成水表测量不准。

图 4-15 阀门紧贴墙壁

【原因分析】

(1) 未考虑法兰、阀门操作机构等管线附件的凸出尺寸以及相关施工机具所需的操作空间。

(2) 不同水表测量原理不同,其安装特性均有所不同。

【预控措施】

(1) 阀门应安装在便于操作、检修和不受污染、不会冻结的地方,阀门保温应采用便于检修的可拆卸式结构(图 4-16)。

(2) 室内分户水表外壳距净墙表面不得小于 300 mm;当水表前后直线管段长度大于 300 mm 时,其超出管段应转弯沿墙敷设。

(3) 安装螺翼式水表时,水表前应留有8～10倍直径长的直线管段,水表后直线管段的最小长度应符合水表产品样本的规定;其他水表的前后应有不小于300 mm的直线管段。

图4-16 阀门安装符合要求

4.1.6 衬塑钢管安装质量控制

【问题描述】

衬塑钢管管内的塑层受损,破损的塑层在管道内受水流的不断冲刷,逐渐与钢管产生分层,以至完全脱离,最终导致管路堵塞。

【原因分析】

(1) 衬塑钢管断料时采用砂轮锯切割,在切割过程中产生高温将内衬塑层熔化。

(2) 采用手工管螺纹绞板进行套丝,套丝过程中产生管螺纹轴偏心,当与管件连接时,造成衬塑接口损坏。

(3) 擅自在衬塑钢管上进行焊接或在衬塑钢管周边动火而未对衬塑钢管进行保护,导致内衬塑层熔化破损。

【预控措施】

(1) 管道切割宜采用锯床。使用盘锯切割时,其转速不得大于800 r/min;采用手工锯截管时,锯面应垂直于管轴心。

(2) 套丝应采用自动套丝机,套丝机应采用润滑油润滑。圆锥形管螺纹应符合《55°密封管螺纹 第2部分:圆锥内螺纹与圆锥外螺纹》(GB/T 7306.2)的有关规定。

(3) 严禁在衬塑钢管上进行任何动火作业。当衬塑钢管周边有高温热源时,应及时对管道采取保护措施。

4.1.7 法兰密封面泄漏控制

【问题描述】

管道试压或运行时,法兰密封面有介质泄漏,可造成输送介质外泄(图 4-17),轻则造成物资损失、环境污染,重则影响系统正常运行,甚至发生人身伤害事故。

图 4-17 法兰密封面渗水

【原因分析】

(1) 垫片及法兰密封面有机械损伤,或使用旧垫片。

(2) 垫片的密封材料与工作介质不匹配,造成垫片腐蚀。

(3) 垫片安装存在偏差,未与法兰同心同轴。

(4) 两片法兰不平行,法兰螺栓紧固不均匀。

(5) 连接法兰用的螺栓规格不符合设计要求,或直径小,或长度短。

【预控措施】

(1) 垫片及法兰安装前应进行外观检查,表面要保持洁净,不允许有机械损伤、压痕、飞溅物及凹陷等缺陷,旧垫片不得重复使用(图 4-18)。

(2) 按照介质种类,正确选择密封材料,如腐蚀性介质,应选用耐腐蚀垫片;安装时,各种材质、型号的垫片不得随意使用,避免出错。

(3) 法兰紧固时,两法兰平面之间应保持平行,其偏差不得大于法兰外径的 0.15%,且不得大于 2 mm;螺栓须对称逐渐拧紧,如需一定的螺栓应力,则应使用指针式扭力扳手,以获得正确的螺栓预紧力;在大法兰上也可用液压螺栓张力器测量螺栓的伸长量。

(4) 连接法兰用的螺栓规格尺寸应符合设计及规范要求,法兰螺栓直径要与法兰螺栓孔直径大小相匹配,长度与法兰厚度相匹配;螺栓紧固后应紧贴法兰,不应有楔缝;需要加垫圈时,每个螺栓不应超过 1 个垫圈;螺栓杆应超出螺母,其长度不宜超过幅栓直径的 1/2。

图 4-18　法兰密封面严密

4.1.8　不锈钢管酸洗钝化质量控制

【问题描述】

有明显的腐蚀痕迹,焊缝和热影响区表面有氧化色或颜色不均匀的斑痕,蓝点试验出现蓝点。

【原因分析】

(1) 焊接热影响区浸泡时间短,致使氧化皮没有除掉。

(2) 材料本身存在缺陷,经酸洗后出现脱落或起皮现象。

(3) 上道工序施工产生缺陷,检查不到位,问题遗留到酸洗工序。

(4) 酸洗后冲洗不干净,有一部分酸液残留在管段中,经过钝化冲洗出现表面不光滑的现象。

【预控措施】

(1) 酸洗时应严格控制酸洗温度和时间,温度低则时间长,温度高则时间短。酸洗操作时间应以除净表面灰色氧化层、显露均匀金属本色为准。为防止达不到酸洗效果或过分酸洗而引起基体腐蚀,必要时还可在酸洗液中添加腐蚀剂。

(2) 材料进场时进行必要的检测,不合格的须退场。

(3) 焊后用不锈钢(不得采用碳钢)扁铲彻底清除熔渣和飞溅物。如有损伤,应打磨;尤其是与碳钢件接触造成的划伤和飞溅、割渣造成的损伤,必须认真彻底地清理干净。

(4) 酸洗钝化后应严格按照工艺要求进行擦拭、冲洗、干燥,彻底清除酸洗钝化膏和酸液,使之表面不留存残液,以利此后的钝化处理。

4.2　室内排水系统

4.2.1　排水管通畅性控制

【问题描述】

排水管道被建筑垃圾堵塞(图 4-19)。

图 4-19 排水管道被建筑垃圾堵塞

【原因分析】

管道在施工前未清理内部垃圾,施工后未及时采取封堵保护措施,全过程产品保护不到位。

【预控措施】

(1) 管道安装前,应检查管材或管件有无损坏、变形。

(2) 安装时应避免建筑垃圾堵塞,在登高管就位完成后(尤其是地漏登高管),应采取封箱带封口等临时可靠封堵措施,必要时"上堵下开"。

(3) 管道系统性施工完毕后,应及时进行灌水、通球试验,并做好末端端口的封堵等产品的保护工作(图 4-20)。

图 4-20 排水管道试水通畅

4.2.2 UPVC 管的阻火圈等管道附件的设置控制

【问题描述】

塑料立管穿楼板处、穿越防火分区或管井处,未设置阻火圈或防火套管(图 4-21)。

图 4-21 未设置阻火圈或防火套管

【原因分析】

塑料管应按照规范要求,合理设置阻火圈或防火套管。

【预控措施】

(1) 高层建筑中,明设的立管且其管径不小于 110 mm 时在立管穿楼层处,以及管径不小于 110 mm 的明敷排水横支管接入管井、管窿内的立管时在穿越管井、管窿壁处,均应采取防火灾贯穿措施(图 4-22)。

(2) 当横干管在不可避免确需穿越防火分区隔墙和防火墙时,应在管道穿越墙体处两侧采取防火灾贯穿措施。

(3) 阻火圈、防火套管等的耐火极限不宜小于管道贯穿部位的建筑构件的耐火极限。阻火圈宜采用阻燃膨胀剂制作,防火套管宜采用无机耐火材料和化学阻燃剂制作,并应有消防主管部门认可的质量合格证明文件。

图 4-22 设置阻火圈或防火套管

4.2.3 排水干管与支管的连接控制

【问题描述】

排水干管和支管连接处的排水不顺畅,未使用顺水管件连接(图 4-23)。

图 4-23 未使用顺水管件连接

【原因分析】

在立管接入横管部位,误用正四通或正三通配件,容易造成该管件处水舌流(波浪流);因排水系统气压波动较大、横支管水流不畅,破坏卫生器具的水封,导致排水管中的异味及有害气体逸出。

【预控措施】

(1) 用于室内排水的水平管道与水平管道、水平管道与立管的连接,应采用 45°三通或 45°四通和 90°斜三通或 90°斜四通(图 4-24)。

(2) 立管与排出管端部的连接,应采用 2 个 45°弯头或曲率半径不小于 4 倍管径的 90°弯头。

图 4-24 使用顺水管件连接

4.2.4 出屋面通气管的高度及根部处理质量控制

【问题描述】

(1) 屋面的通气管高度不统一,出屋面的通气管长度不够(图 4-25)。

(2) 上人屋面的通气管高度不统一,并且不满足 2 m 高度要求(图 4-26)。

(3) 出屋面管道的屋面根部封堵不严密,或防水层交接处开裂(图 4-27)。

图 4-25 出屋面管线高度设置不合规(一)

图 4-26 出屋面管线高度设置不合规(二)

图 4-27 出屋面管道根部漏水

【原因分析】

(1) 出屋面的管线高度须与屋面使用功能相匹配。不上人屋顶通气管,出屋顶的管线高度过低时,在积雪较厚的情况下会影响透气效果。而上人屋顶通气管,出屋顶的管线高度过低时,散逸出来的异味会影响周围环境卫生。

(2) 出屋面管道须做好根部处理,避免破坏屋面保温层及防水层。

【预控措施】

(1) 通气管应高出屋面 300 mm;在通气管出口 4 m 以内有门、窗时,通气管应高出门、窗顶 600 mm 或引向无门、窗一侧;在经常有人停留的平屋顶上,通气管应高出屋面 2 m,并应根据防雷要求设置防雷装置(图 4-28、图 4-29)。

(2) 出屋面管道须提前敷设防水套管,并进行防水封堵。伸出屋面管道周围的找平层应抹成圆锥台,管道与找平层间应留 20 mm×20 mm 的凹槽,并用密封材料填塞密实。管道根部卷材附加层必须严格按工艺施工[两层附加层,其中一层的一半剪成条状与基层粘贴,另一半卷上部管根部(高度大于 250 mm),搭接不少于 100 mm,另一附加层压在锯齿上将缝隙遮挡]。防水卷材收头须加金属套箍箍紧,并用密封材料封严(图 4-30)。

图 4-28 出屋面管线高度设置合规(一)

图 4-29 出屋面管线高度设置合规(二)

图 4-30 出屋面管道根部处理规范

4.2.5 虹吸雨水系统雨水斗位置及间距控制

【问题描述】

压力流排水系统的雨水斗位置未居中，檐沟排水效果较差(图 4-31)。

图 4-31 雨水斗位置未居中

【原因分析】

压力流排水系统的雨水斗需要满足间距等相关条件，才能形成虹吸效应。

【预控措施】

(1) 虹吸雨水斗斗面与悬吊横管的中心线宜大于 1 m(图 4-32)。

(2) 虹吸雨水斗间距一般小于或等于 20 m。

(3) 压力流排水系统的檐沟有效深度不宜小于 250 mm，过水断面宜按沟宽为 2 倍水深确定，确保雨水斗空气挡罩最外端距沟壁不小于 100 mm，必要时可在檐沟局部进行加宽。

图 4-32 雨水斗位置居中

4.2.6 立管检修口标高、检修空间质量控制

【问题描述】

检修口高度不达标、检修口朝向错误、管弄无检修空间等(图 4-33)。

图 4-33 检修口高度不达标

【原因分析】

现场条件受限,或施工人员未按规范安装、现场尺寸测量误差。

【预控措施】

(1) 立管上设置检修口应在地(楼)面以上 1.0 m,并应高于该层卫生器具上边缘 0.15 m(图 4-34)。

(2) 在立管上应按规范要求设置检修口,在最底层和有卫生器具的最高层必须设置检修口。当为两层建筑时,可仅在底层设置立管检修口。如有乙字弯,则在该层乙字弯管的上部设置检修口。检修口中心高度距操作地面一般为 1 m。

(3) 检修口的朝向应便于检修。暗装立管,在检修口处应安装检修门。

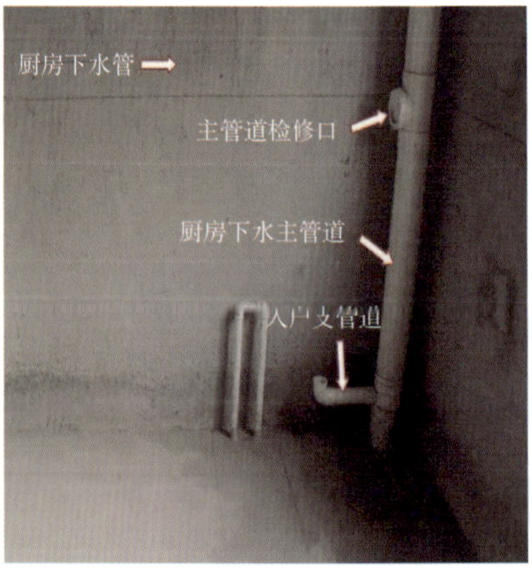

图 4-34 检修口高度达标

4.3 室内热水系统

4.3.1 不同材质管材、支架间软垫隔离控制

【问题描述】

金属管卡或吊架与 PPR 等塑料管、不锈钢管之间产生摩擦滑移,导致管道破损;不锈钢管道与碳钢支架接触面产生电化学腐蚀(图 4-35)。

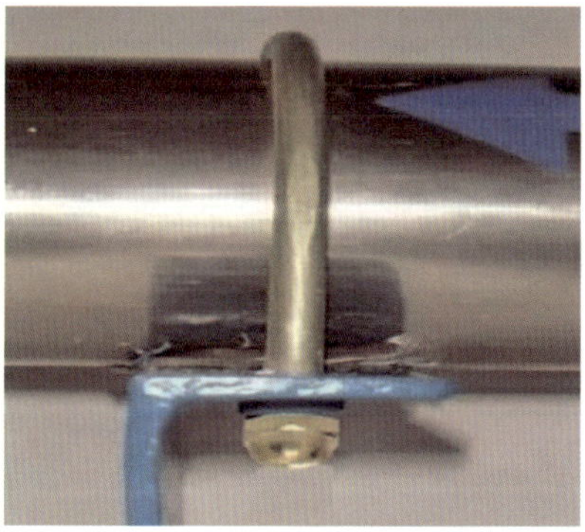

图 4-35 碳钢 U 形卡对不锈钢管渗碳腐蚀

【原因分析】

(1) 不同材质管线和支架间膨胀或收缩方向不同,金属管卡和支架直接与塑料管固定,发生位移或摩擦时,均容易产生划伤。

(2) 不锈钢管道与碳钢管卡和支架直接接触,因电位差,会产生电化学腐蚀。

【预控措施】

(1) 沿塑料管外壁包裹一层诸如橡胶类的绝缘软垫,或在金属管卡外层加套一根塑料套管(注意:管道背面与支架接触面也需要采用软垫隔绝)。

(2) 在不锈钢管、铜管等有色金属管和碳钢支架间采用橡胶等绝缘软垫进行隔离(图 4-36)。热水管路或可统一采用垫木式支架。

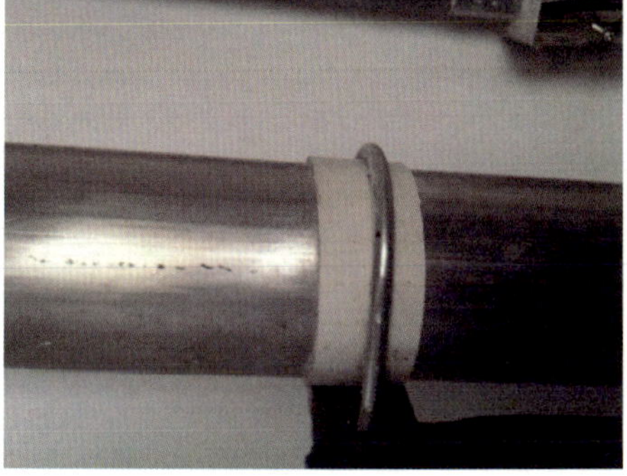

图 4-36 不锈钢管和 U 形卡间采用隔垫

4.3.2 热补偿措施及配套支架控制

【问题描述】

运行中热力管道的支架脱落。

【原因分析】

热力管道支吊架(固定支架除外)安装时未考虑管道运行时的热胀冷缩,未事先预留位移量(图 4-37)。

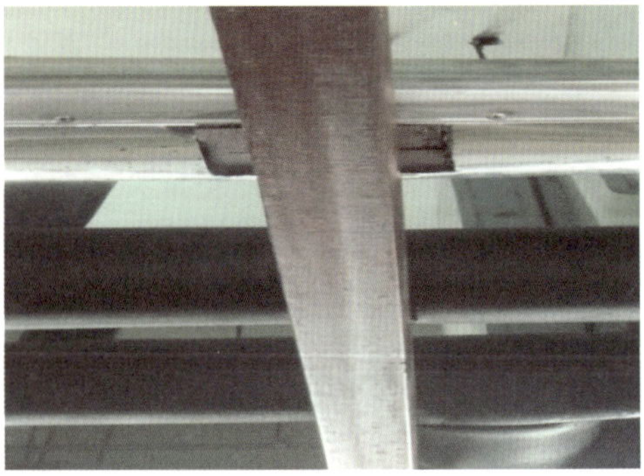

图 4-37 安装时未考虑管线位移量

【预控措施】

(1) 按照热力管道热伸长计算公式,结合热力管道技术参数,正确计算出位移量。

(2) 热力管道支吊架的安装应符合规范要求。热力管道吊架安装时,其吊杆应偏移安装。

(3) 支架安装位置应从支撑面中心向位移反方向偏移,偏移量应为 1/2 的位移值或符合设计文件的规定(图 4-38)。

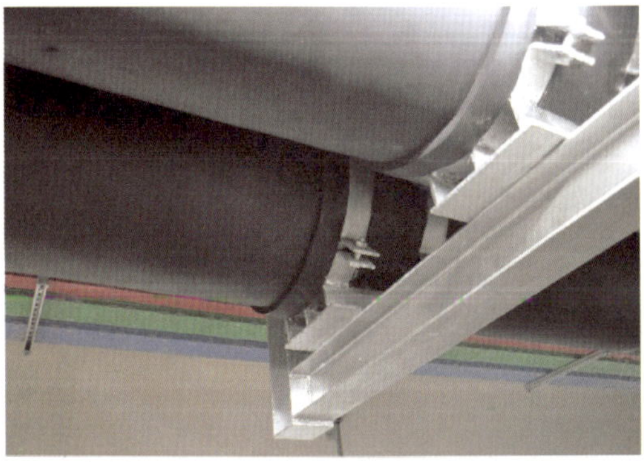

图 4-38 导向支架设置合规

4.4 卫生洁具(卫生器具)

4.4.1 地漏安装质量控制

【问题描述】

地漏水封高度不足,地漏不在最低点,室内易积水(图 4-39、图 4-40)。

图 4-39 地漏水封高度不足

图 4-40 地漏附近积水和漏水

【原因分析】

(1) 地漏水封高度不足,直接影响水封的存水量,地漏内的水蒸发后,污水管内臭气易散逸飘入室内。

(2) 地面完工后实际的排水坡度、排水管施工和运行中的堵塞都可能影响排水系统畅通,进一步造成地面积水和湿滑。而当地漏在防水层上时,其四周积水,容易形成楼板渗漏。

【预控措施】

(1) 必须使用符合国家规范的标准水封地漏,其有效水封深度不小于 50 mm。

(2) 按规范要求,地漏应安装在地面的最低处,其篦子顶面应按照低于完成面 5 mm 高度设置,施工过程中应与土建密切配合,不断修正偏差(图 4-41)。

图 4-41 地面坡度正确

4.4.2 给水配件与预留接口间镶接质量控制

【问题描述】

给水配件与预留接口处有渗漏(图 4-42)。

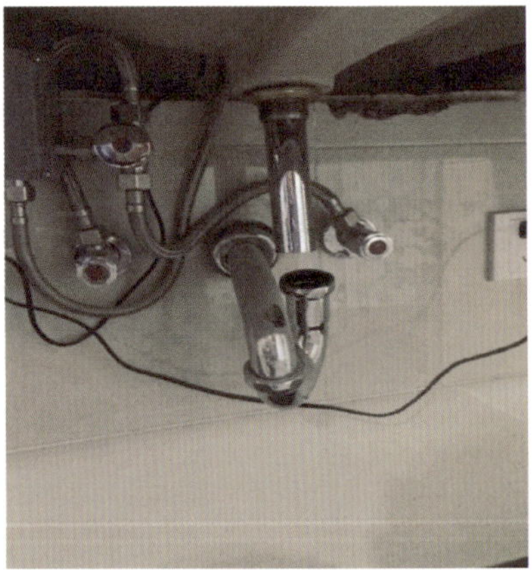

图 4-42 接口处尺寸过小、错口连接导致渗漏

【原因分析】

(1) 因设计和材料招标周期不匹配,后进场的卫生器具选型容易与设计定型的洁具预留尺寸有偏差,卫生器具安装时存在强行镶接情况,接口容易渗漏。

(2) 卫生器具的塑料配件,其圆度和硬度不够而造成接口密封性差,导致渗漏。

【预控措施】

(1) 卫生器具安装前,应检查给水配件是否与预埋接口相匹配(图 4-43)。

(2) 卫生器具排水口与排水管预留口对准,用水平尺找平。

(3) 卫生器具安装完成后,应认真进行满水和通水试验,并合格。

图 4-43 接口处尺寸合适、连接合理

4.5 室外给水管网

4.5.1 确保管道水压试验合格控制

【问题描述】

管道试压过程中因管道破坏漏水(图 4-44)。

图 4-44 管道试压因管道破坏漏水

【原因分析】

(1) 埋地管网支墩不能很好地与原土紧密接触,以抵御水压试验时管内水压通过管件传递的推力,造成支墩位移、接口脱落和漏水现象。

(2) 试验段管道内空气没有排放干净,不断打压过程中易形成脉冲冲击,造成端部等部件脱落。

【预控措施】

(1) 严格执行工艺交底,并明确管道支墩形式,加固重点部位;特殊地段适当加大地下管线保护力度(图 4-45)。

(2) 管道水压试验前准备工作和试压流程应符合设计及规范要求。

(3) 翻高、上游管段管顶、中段的凸起点、长距离水平管段等特殊部位考虑增设适当排气设施。

图 4-45 管道试压前确保支架牢固可靠

4.6 室外排水管网

4.6.1 管道敷设质量控制

【问题描述】

埋地排水管道发生倒坡和漏水现象(图 4-46)。

图 4-46 埋地排水管道倒坡

【原因分析】

(1) 测量放线的偏差、施工放样和避让原有构筑物,在平面上产生了位置或高度的偏移,立面上产生积水甚至倒坡现象。

(2) 管线基础不均匀下沉、管材及其接口施工质量差、排水管未做闭水试验、闭水段端头封堵不严密、结构漏水和下沉等原因造成漏水。

【预控措施】

(1) 沟槽和平基要做好轴线和纵坡测量验收,通过增加连接井来避让构筑物,其间以直线连通,连接井转角应大于 135°。

(2) 排水管道连接采用管顶平接,上游管顶不得低于下游管顶标高。排水管道与检查井的连接处应严密不漏水。

(3) 及时对排水管做闭水试验。

埋地排水管道坡度规范做法,如图 4-47 所示。

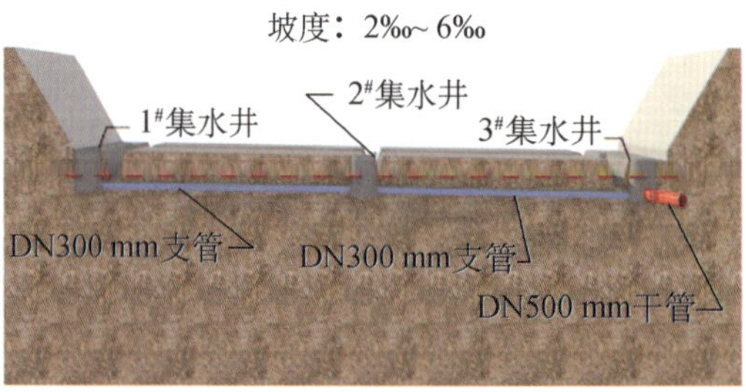

图 4-47 埋地排水管道坡度规范做法

4.7 热源及辅助设备

4.7.1 设备本体就位质量控制

【问题描述】

锅炉过度倾斜,大于 10 mm(图 4-48)。

图 4-48 锅炉过度倾斜

【原因分析】

燃气锅炉安装工程未进行设备本体的垂直度和水平度等精平衡。

【预控措施】

(1) 锅炉大件安装基准线为纵向基础中心线(由炉前至炉后沿锅筒中心线)及横向基础中心线(锅炉出水管座中心线)。

(2) 锅炉就位后,锅炉的支座也应保持水平,允许倾斜不大于 5 mm,否则应将低的一面用垫铁垫高,左右两侧的水位标高偏差不大于 2 mm。

设备就位正确,如图 4-49 所示。

图 4-49 设备就位正确

5 通风与空调工程

5.1　风管与配件、部件制作

5.1.1　镀锌钢板风管的镀锌层厚度及质量控制

【问题描述】

（1）风管板材的镀锌层厚度未达到设计和规范的要求。

（2）风管表面镀锌层受腐蚀粉化或存在成片白色或淡黄色的花斑(图 5-1)。

（3）镀锌层腐蚀不仅影响风管的美观、缩短风管的使用寿命，还影响洁净系统的清洁度。

图 5-1　风管表面镀锌层受腐蚀粉化

【原因分析】

（1）采购时不了解设计及规范对风管板材镀锌层的要求，随意购买。

（2）生产厂家产品不合格，镀锌层的厚度不符合采购要求；选用的不是热镀锌钢板。

（3）镀锌钢板及半成品存放不当，在镀锌钢板存储、风管加工、堆放及安装等过程中，由于环境条件不佳或管理不善，使镀锌钢板或风管遭污水淋浸、泥浆沾染(尤其是含有水泥的污水或泥浆)，造成镀锌层腐蚀。

（4）风管在加工过程中，随意在地上拖拉板材或直接在地上制作，使镀锌层受损，内部的碳素钢暴露在空气中氧化导致锈蚀。

（5）施工环境潮湿，在密闭的地下室或地沟内进行混凝土地面施工时，大量带有碱性的水汽凝结在风管表面,导致镀锌层腐蚀。

【预控措施】

(1) 风管板材的镀锌层厚度应符合设计和合同的要求;当设计和合同无要求时,应采用不低于 80 g/m^2(Z80)的板材,其材质应符合《连续热镀锌和锌合金镀层钢板及钢带》(GB/T 2518)的要求。净化空调系统风管镀锌层的厚度不应小于 100 g/m^2。

(2) 镀锌钢板进场时,质检人员要严格把关,采用测厚仪对镀锌层进行测试,不合格的材料和产品严禁进场。

(3) 应加强现场管理,采取有效防护措施,保证在镀锌钢板存储、风管加工、堆放及安装等过程中保持地面清洁干燥,防止污水、泥浆对钢板及风管的污染。安装好的风管应注意成品保护,防止后续工种施工或漏水浸泡对风管造成损害。

(4) 风管在加工制作过程中,严禁直接在地上拖拉板材;风管制作时,建议采取下方铺设保护垫等措施,避免擦伤、碰伤镀锌层。

(5) 在地下室、地沟等密闭空间施工时,应合理安排施工顺序,待浇筑完混凝土地面后再安装风管。如果条件允许的话,还可以增加通风设施,保证密闭空间的干燥。

(6) 对于镀锌层已腐蚀的风管,如腐蚀程度不严重,可将腐蚀处清洁并用砂纸打磨后刷锌黄防锈漆;对于严重腐蚀的,应拆除返工。

风管镀锌层表面完好有光泽,如图 5-2 所示。

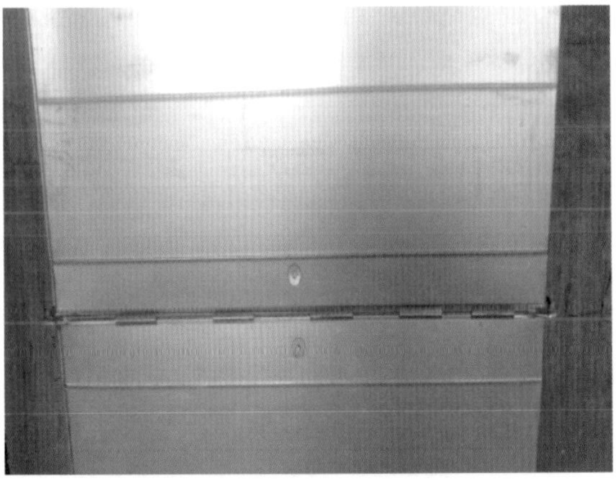

图 5-2 风管镀锌层表面完好有光泽

5.1.2 钢板风管的刚度控制

【问题描述】

(1) 钢板风管的刚度不足,成型风管表面出现凹凸现象(图 5-3),系统运行时,管壁颤动产生噪声。

(2) 钢板风管的刚度不足,风管在支架间产生挠度。

图 5-3　风管底面不平整

【原因分析】

(1) 风管板材的厚度不符合设计和规范的要求,导致成型风管刚度不足。

(2) 成型风管没有按照规范的要求采取加固措施,或加固的方式、方法不当。

【预控措施】

(1) 钢板风管的板材厚度应符合设计要求;当设计无要求时,应按《通风与空调工程施工质量验收规范》(GB 50243—2016)中表 4.2.3-1 的规定执行。

(2) 钢板风管的加固应严格按照设计要求执行;当设计无要求时,应按照《通风与空调工程施工质量验收规范》(GB 50243—2016)第 4.3.1 条第 3 款和《通风管道技术规程》(JGJ/T 141—2017)第 3.2.7 条执行。

风管表面平整,如图 5-4 所示。

图 5-4　风管表面平整

5.1.3 金属矩形风管变径管及弯管制作质量控制

【问题描述】

(1) 矩形风管变径管制作时,单面变径的夹角大于 30°,双面变径的夹角大于 60°,导致变径管处的气流不均匀,局部阻力增加,加大风机机外余压的损失,同时影响观感。

(2) 矩形风管弯管制作时,内外弧形的角度不准确或弧度不均匀,导致风管安装时管路坐标产生偏移,影响整体管线布置。

(3) 矩形风管弯管制作时,未按要求设置导流片,导致局部阻力增加,加大风机机外余压的损失。

(4) 矩形风管变径管及弯管制作时,表面不平整,咬口不严密,管口截面对角线偏差大。

具体问题如图 5-5、图 5-6 所示。

图 5-5 变径管单面变径不规范,单面夹角大于 30°

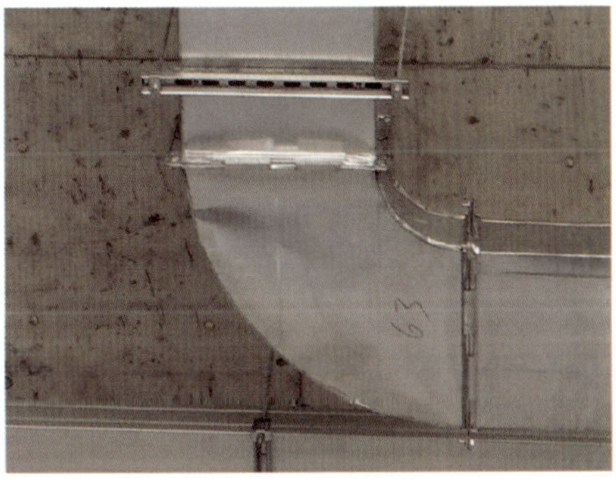

图 5-6 弯管平面不平整,拼缝不密实

【原因分析】

(1) 不熟悉规范,对矩形风管变径管的变径夹角和弯管设置导流片的要求不了解。

(2) 矩形风管弯管采用手工放样和制作时,两侧板的内外弧形尺寸不准确。

(3) 变径管和弯管的两块侧板放样下料时有误差,成型后造成表面不平整,两端面对角线尺寸偏差大,与法兰尺寸不匹配,咬口处受力不均,造成咬口处不严密。

【预控措施】

(1) 矩形风管变径管的制作应按照《通风管道技术规程》(JGJ/T 141—2017)第 3.11.4 条执行:变径管单面变径的夹角 θ 宜小于 30°,双面变径的夹角 θ 不宜大于 60°(图 5-7~图 5-9)。

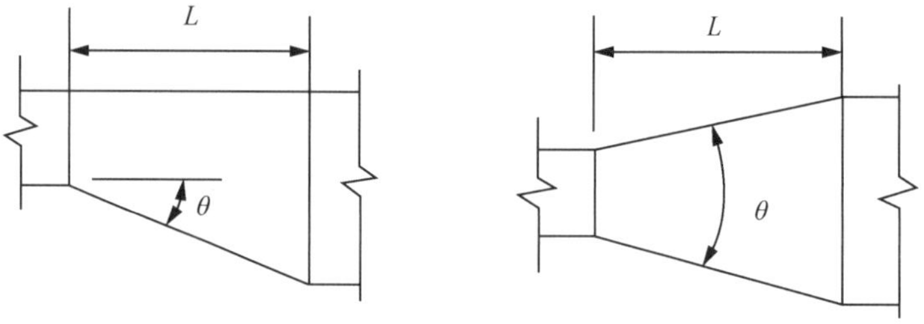

L—变径管长度

图 5-7　单面变径与双面变径夹角

图 5-8　变径管双面变径规范，双面夹角小于 60°

图 5-9　弯管平面加固规范、弧形顺畅

(2) 矩形风管弯管制作和导流片设置应按照《通风管道技术规程》(JGJ/T 141—2017)第 3.11.2 条执行。

① 矩形弯管分为内外同心弧形、内弧外直角形、内斜线外直角形及内外直角形(图 5-10)。

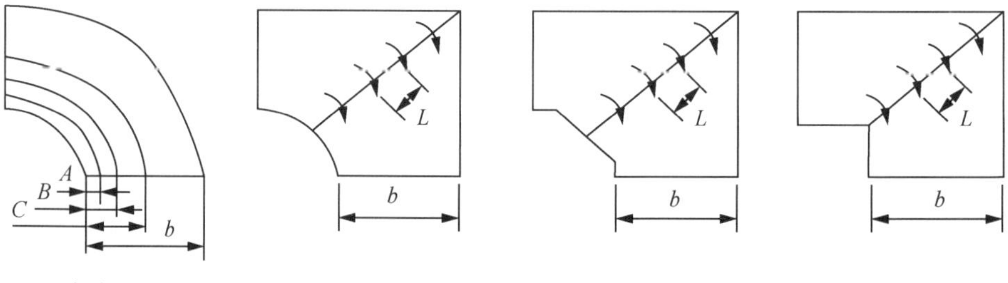

图 5-10　矩形弯管示意图

② 矩形弯管宜采用内外同心弧形，弯管曲率半径宜为一个平面边长，圆弧应均匀。

③ 矩形内外弧形弯管平面边长大于 500 mm，且内弧半径 r 与弯管平面边长 b 之比小于或等于 0.25 时应设置导流片。导流片弧度应与弯管弧度相等，迎风边缘应

光滑,片数及设置位置应符合表 5-1 的规定。

表 5-1　内外弧形矩形弯管导流片数及设置

弯管平面边长 b(mm)	导流片数	导流片位置			
		A	B	C	
$b<1\,000$	1	$b/3$	—	—	
$1\,000\leqslant b<1\,600$	2	$b/4$	$b/2$	—	
$1\,600\leqslant b<2\,000$	3	$b/8$	$b/3$	$b/2$	
$b\geqslant 2\,000$	4	$b/8$	$b/3$	$b/2$	$3b/4$

④ 矩形内外直角形弯管及边长大于 500 mm 的内弧外直角形、内斜线外直角形弯管可选用单弧形或双弧形导流片(图 5-11)。导流片圆弧半径及片距宜符合表 5-2 的规定。

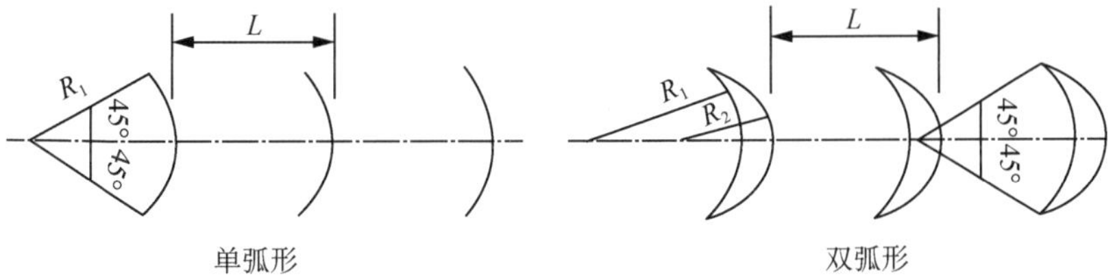

图 5-11　导流片形式

表 5-2　单弧形或双弧形导流片圆弧半径及片距(mm)

单弧形导流片		双弧形导流片	
$R_1=50$ $L=38$	$R_1=115$ $L=83$	$R_1=50$ $R_2=25$ $L=54$	$R_1=115$ $R_2=51$ $L=83$
镀锌钢板厚度宜为 0.8		镀锌钢板厚度宜为 0.6	

(3) 矩形风管变径管和弯管放样下料时,必须认真校核内外弧形的尺寸,并控制两块侧板的误差。建议通过电脑放样、等离子自动切割下料等方式,确保制作的质量。

5.1.4　无机玻璃钢风管材质控制

【问题描述】

无机玻璃钢风管板材质量不符合要求,在潮湿环境下会返卤泛霜并锈蚀铁件,板材吸潮后产生脱层、变形,影响风管强度和使用寿命(图 5-12)。

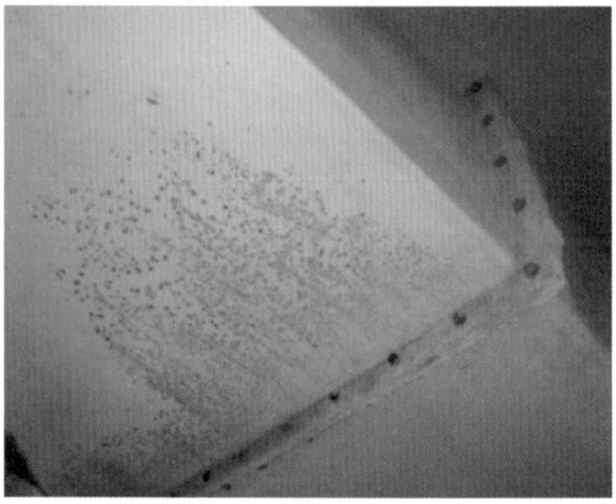

图 5-12　无机玻璃钢风管表面返卤泛霜

【原因分析】

无机玻璃钢风管主要由玻璃纤维布、镁水泥胶凝材料压制而成。镁水泥胶凝材料分为两种:一种是传统改性氯氧镁水泥,另一种是不含氯离子的无氯菱镁水泥。无机玻璃钢风管应杜绝返卤泛霜问题。返卤泛霜由氯离子造成,故改性氯氧镁水泥应注意氯化镁的含量;而无氯菱镁水泥因不含氯离子,所以无氯菱镁水泥风管不会产生返卤泛霜现象。玻璃纤维受碱性腐蚀的影响会导致风管使用年限降低,因此无机胶凝材料硬化体的 pH 值应小于 8.8。

【预控措施】

(1) 严格按照《通风管道技术规程》(JGJ/T 141—2017)第 3.5.1 条和《玻镁风管》(JC/T 646)的要求生产板材,确保无机玻璃钢风管板材的质量。

(2) 材料进场时,应查验材料质量证明书、产品合格证和反映材料成分的清单,并用肉眼观察是否出现水珠或潮湿现象、是否有裸露的玻璃纤维布等,用手指抹风管表面,看是否有白色盐析现象。不合格的材料严禁进场。

玻璃钢风管表面干净光滑,如图 5-13 所示。

图 5-13　玻璃钢风管表面干净光滑

5.2 风管系统安装

5.2.1 风管穿越防火、防爆墙时防护套管设置质量控制

【问题描述】

(1) 风管在穿越防火、防爆墙时,未设防护套管,风管直接穿越,洞口与风管间隙也无封堵(图 5-14)。

(2) 风管在穿越防火、防爆墙时,虽设有防护套管,但所用钢板的厚度小于1.6 mm。

图 5-14 风管穿越防火墙未设防护套管

【原因分析】

(1) 在建筑结构施工时,施工人员未能及时按施工图纸进行防护套管的预留预埋,导致套管遗漏。

(2) 对防护套管的施工要求不理解,建筑墙体或楼板留洞尺寸过小,未考虑防护套管的尺寸大小。

(3) 在进行防护套管施工时,施工人员不了解规范要求,钢板的厚度选择偏小。

【预控措施】

(1) 为确保风管系统安装顺利进行,施工人员应及时复核建筑结构留洞图纸中的留洞尺寸、位置,如有问题应及时向暖通设计提出。

(2) 保温风管穿越防火、防爆墙时,防护套管与空调风管本体的间隙应不小于保温棉厚度,穿越的墙体表面应进行防火封堵处理(图 5-15)。

(3) 非保温风管穿越防火、防爆墙时,防护套管与风管本体的间隙应不小于30 mm,防护套管与风管本体之间应采用不燃柔性材料封堵严密,穿越的墙体表面应进行防火封堵处理。

(4) 对于隔墙或楼板内未按照图纸进行预埋管的施工,应予以整改增设。

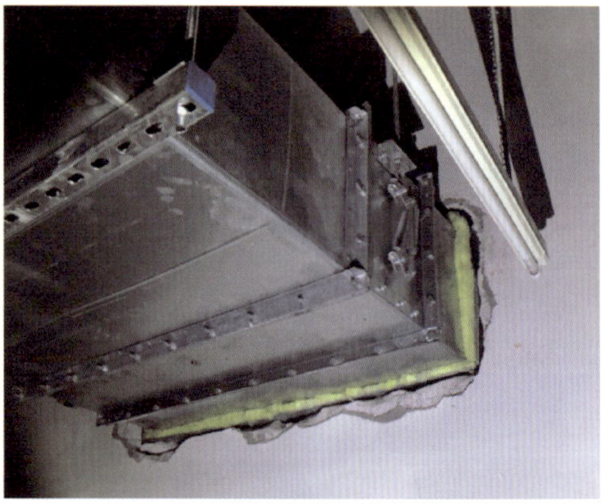

图 5-15 风管穿越防火墙设置防护套管

5.2.2 水平安装超长风管固定点设置质量控制

【问题描述】

风管系统水平悬吊时，悬吊的主、干风管长度超过 20 m 而未设防晃支架或防止摆动的固定点(图 5-16)。

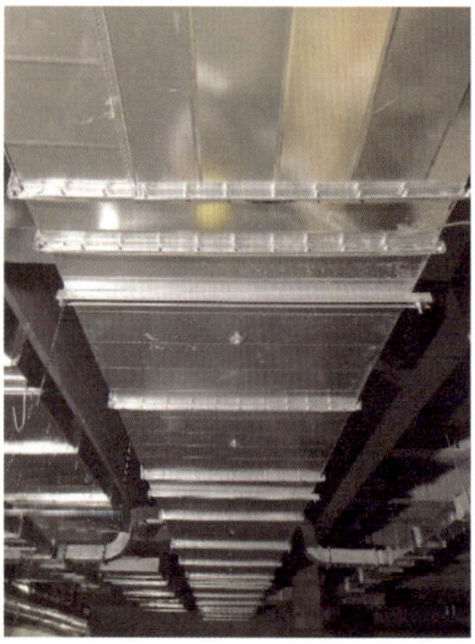

图 5-16 风管直线长度超过 20 m 未设防晃支架

【原因分析】

(1) 施工人员不熟悉《通风与空调工程施工质量验收规范》(GB 50243—2016)中对于风管防晃支架的设置要求。

(2) 现场由于高度、空间位置、支架生根点等问题，设置防晃支架有一定难度。

【预控措施】

(1) 严格按照《通风与空调工程施工质量验收规范》(GB 50243—2016)中第 6.3.1 条第 3 款规定执行：悬吊的水平主、干风管直线长度大于 20 m 时，应设置防晃支架或防止摆动的固定点(图 5-17)。

(2) 对设置固定点有一定难度的风管,可采取斜拉钢丝绳固定等方式解决。

图 5-17 风管防晃支架按规范设置

5.2.3 薄钢板法兰风管连接件设置质量控制

【问题描述】

薄钢板法兰风管连接时,往往出现法兰连接件选择不当、间距偏大及法兰连接件松紧不一致的现象,造成法兰间的连接不严密,导致法兰接口处漏风,同时影响观感质量(图 5-18)。

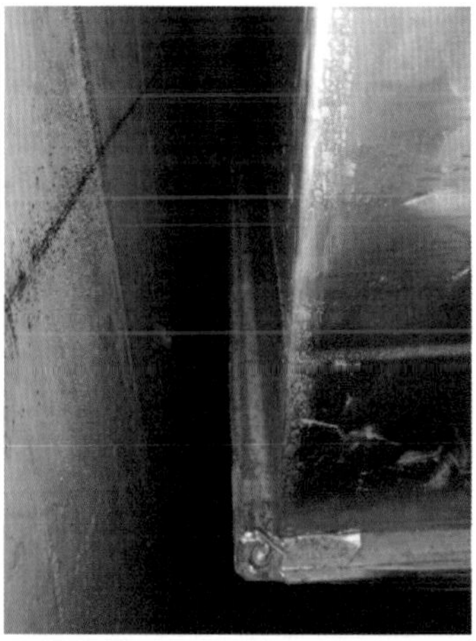

图 5-18 风管法兰连接件缺少

【原因分析】

(1) 施工人员对薄钢板法兰风管不同形式连接件的用途不清楚,在选择薄钢板法兰风管连接件时,规格选择不正确,或连接件的材料厚度不符合要求。

(2) 施工人员对薄钢板法兰风管的连接件之间的间距不了解。

(3) 风管在安装过程中遇到操作空间太小(如贴顶安装的风管上表面法兰连接处、管道井内的内侧面风管法兰连接处)的情况,无法进行法兰连接件的安装。

(4) 连接件的重复使用导致连接件的弹性消失,从而出现连接件的松动。

(5) 安装法兰连接件的工具不匹配也容易导致连接件弹性受损,连接件松动。

【预控措施】

(1) 薄钢板法兰风管常用的连接件有弹簧夹和顶丝卡,不同形式的连接件适用场合不同,水平安装的风管可采用弹簧夹,垂直安装的风管宜采用顶丝卡,风管与设备的连接一律采用顶丝卡。为确保连接件的弹性和强度,连接件的材料厚度可按表 5-3 选择。

表 5-3　薄钢板法兰风管连接件的形式及材料厚度

<table>
<tr><th>连接件形式</th><th>连接件规格</th></tr>
<tr><td>弹簧夹</td><td>弹簧夹板厚度大于或等于 1.0 mm</td></tr>
<tr><td rowspan="2">顶丝卡</td><td>顶丝卡厚度大于或等于 3 mm</td></tr>
<tr><td>顶丝螺丝 M8</td></tr>
</table>

(2) 严格按照《通风管道技术规程》(JGJ/T 141—2017)第 4.4.3 条和《薄钢板法兰风管制作与安装》(07K133)的要求布置弹簧夹或顶丝卡。

(3) 操作空间比较小的区域的风管,可采取地面预组装、整体吊装的方式进行安装,尽可能减少难以安装连接件的盲区;确有安装困难的,可采用其他连接紧固件进行替代安装,确保法兰处的连接严密(图 5-19)。

(4) 为避免法兰连接件的弹性受损,严禁薄钢板法兰风管连接件的重复使用。

(5) 根据不同规格的弹簧夹采用相应的专用工具,不宜使用螺丝刀等进行撬扳,用力不当将造成连接件弹性受损。

图 5-19　风管法兰采用 U 形紧固螺栓固定

5.2.4 防火阀安装质量控制

【问题描述】

防火阀安装过程中,阀门的安装方向不符合风管气流方向,位于防火墙两侧的防火阀距墙表面大于 200 mm,同时长边尺寸大于或等于 630 mm 的防火阀未设独立支、吊架(图 5-20)。

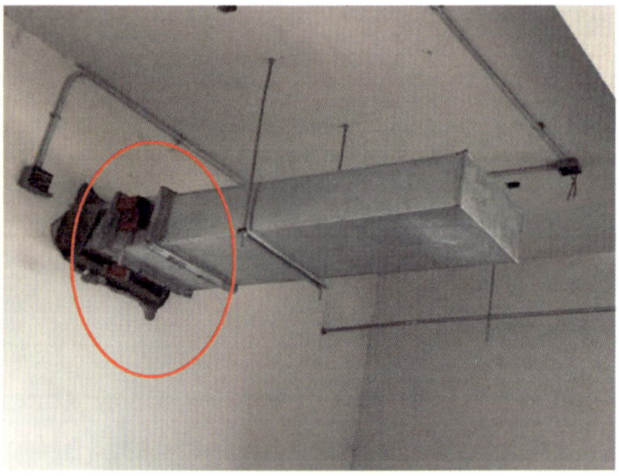

图 5-20 防火阀未设独立吊架

【原因分析】

(1) 施工人员对系统功能不了解,不清楚风管内气流的流向;不了解规范对防火阀安装位置、支吊架设置的要求。

(2) 现场由于高度、空间位置等问题,设置独立吊架有一定难度。

【预控措施】

(1) 防火阀安装前要对施工人员进行交底,使其对系统功能有一个初步的理解,了解风管内气流的流向。

(2) 防火阀的安装位置严格按照《通风与空调工程施工质量验收规范》(GB 50243—2016)中第 6.2.7 条第 5 款规定执行:位于防火分区隔墙两侧的防火阀,距墙表面不应大于 200 mm。

(3) 防火阀的支吊架设置严格按照《通风与空调工程施工质量验收规范》(GB 50243—2016)中第 6.3.8 条第 2 款规定执行:直径或长边尺寸大于或等于 630 mm 的防火阀,应设独立支、吊架。

(4) 对于风管上方管线密集或有障碍物的,可设法设置过渡支架,通过过渡支架设置防火阀的独立吊架(图 5-21)。

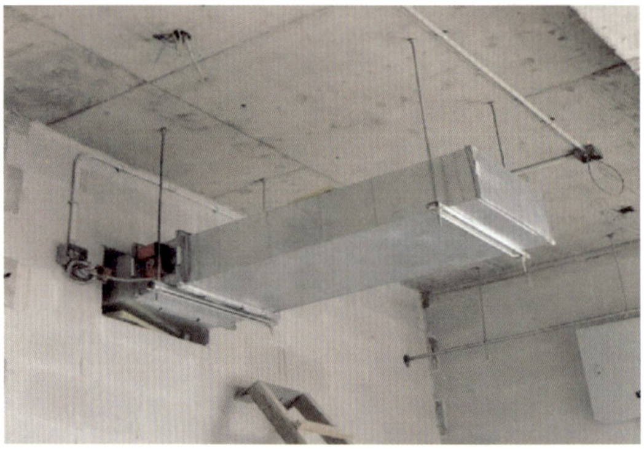

图 5-21 防火阀按规范设置独立吊架

5.2.5 金属软风管安装质量控制

【问题描述】

现场安装的可伸缩金属软风管长度大于 2 m,造成风阻增大(图 5-22)。如有塌凹,会使其有效截面缩小,系统阻力增加,送风量减小。

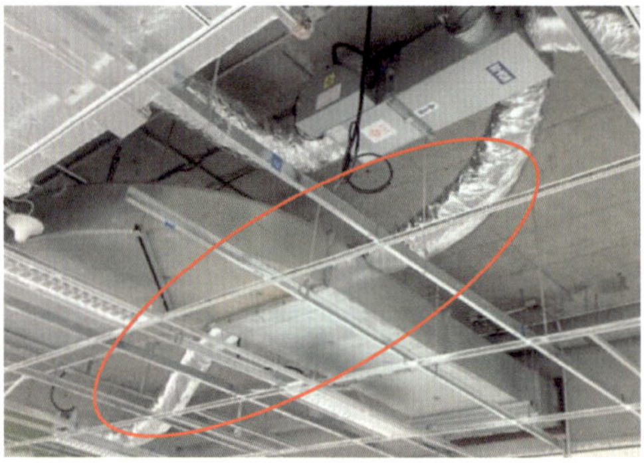

图 5-22 保温金属软管长度大于 2 m

【原因分析】

(1) 对伸缩软管太长、未适当拉伸或受压变形会引起阻力增加的危害不了解。

(2) 对两个连接口距离估计错误,下料长度没有测定准确。

(3) 局部区域由于受标高、其他管线阻挡等因素影响,安装硬质风管空间受限,在较长的距离范围(长度大于 2 m)全部采用金属软风管代替硬质风管。

【预控措施】

(1) 可伸缩金属软风管长度限定在 2 m 内,且安装时要进行适当拉伸(注意:应防止过度拉伸造成连接的脱落)。

(2) 金属软风管强度不高,施工过程中应防止其受外力变形塌凹,增加系统风阻;交叉施工完成后要全数检查金属软风管是否有塌凹、脱落等现象。

(3) 金属软风管安装应合理安排走向,避免死弯(转弯角度大于 90°),否则应拆除后重新安装。

(4) 在机电管线施工前,应绘制深化设计图纸,明确吊顶标高及各机电管线走向,避免风管安装空间受限。

图 5-23 所示为采用镀锌圆管接驳以降低风阻。

图 5-23 采用镀锌圆管接驳以降低风阻

5.2.6 风管系统安装完成后的严密性质量控制

【问题描述】

风管系统安装完成后未按规范规定做漏风量试验,后期漏风未能及时发现。

【原因分析】

(1) 对施工周期短、抢工期的项目,“省略”了严密性试验的重要环节。

(2) 对漏风量检测的重要性缺乏认识,认为漏点风不会影响使用功能,不会造成安全事故。

(3) 不了解《通风与空调工程施工质量验收规范》(GB 50243)的风管严密性试验要求,以漏光法代替漏风量检测。

【预控措施】

(1) 风管系统安装后应进行严密性试验,合格后方可交付下道工序。风管系统严密性试验应以主管和干管为主。

(2) 风管的严密性试验应分为观感质量检验与漏风量检测。观感质量检验可应用于微压风管,也可作为其他压力风管工艺质量的检验,合格标准为结构严密且无明显穿透的缝隙和孔洞。漏风量检测应在规定工作压力下,对风管系统漏风量进行测定和验证,漏风量不大于规定值为合格。系统风管漏风量的检测应以总管和干管为主,宜采用分段检测、汇总综合分析的方法。检测样本风管宜由 3 节及以上组成,且总表面积不应少于 15 m^2。

(3) 漏风量检测应采用经检验合格的专用漏风量测量仪器,或采用符合《用安装在圆形截面管道中的差压装置测量满管流体流量》(GB/T 2624)中规定的计量元件搭设的测量装置。

(4) 系统风管漏风量检测可以采用整体或分段进行,测试时被测系统的所有开口均应封闭,不应漏风。

(5) 被测系统风管的漏风量超过设计和《通风与空调工程施工质量验收规范》(GB 50243)的规定时,应查出漏风部位(可用听、摸、飘带、水膜或烟检漏),做好标记。修补完工后,应重新测试,直至合格。

5.3 风机与空气处理设备安装

5.3.1 组合式空调机组漏风控制

【问题描述】

空调机组漏风将造成系统风量不足,使功能区的空调效果无法达到设计的要求。同时,机组漏风也增加了冷量或热量的损失,导致能源损耗。

【原因分析】

(1) 由于运输、吊装、结构强度等原因,机组箱体受力变形,接缝处开裂。

(2) 机组组装时,面板之间及面板与框架之间的接缝密封处理不佳。

(3) 未根据机组各功能段的风压情况设置合适的检修门,导致检修门处漏风。

(4) 机组安装完成后未按《组合式空调机组》(GB/T 14294—2008)中附录C的要求进行漏风量检测。

【预控措施】

(1) 组合式空调机组每一分段体应采用可靠刚度及强度的箱体结构;运输吊装时,应采取安全合理的保护措施,避免机组箱体受力变形或接缝处开裂。

(2) 组合式空调机组应采用密封性好、漏风量小的箱体结构,其面板之间及面板与框架之间应采用橡胶、PE等密封材料进行可靠的密封处理。

(3) 不管是整体安装还是现场组装的空调机组,在安装时均应用水平尺校核机座的水平度,并用垫铁找平。尤其是尺寸较大的现场组装的空调机组,一定要在整个机座完全调节水平后方可进行面板、框架等的安装;为防止机座变形,应适当将垫铁加密。

(4) 应根据机组各功能段的风压情况设置合适的检修门,即正压段用正压门(即检修门设于机组内),负压段用负压门(即检修门设于机组外),以避免从检修门处漏风。

(5) 组合式空调机组在现场组装完毕后应按规范要求进行漏风量检测,漏风率高于规范要求的应进行返工。漏风量检测应在风管接驳前进行,以避免造成风管重复拆装,增加不必要的工作量。

5.3.2 空调机组运行噪声控制

【问题描述】

机组运行噪声过大,响声异常。

【原因分析】

(1) 风机由于二次运输,拆装后没有做动平衡或叶轮与蜗壳碰擦。

(2) 风机减振弹簧调节不当。

(3) 部件安装组装连接不紧,有松动。

(4) 进出口调节阀开度不足,局部产生噪声。

(5) 箱体密封性差,隔声效果差。

(6) 箱体内未清理干净,有杂物存在。

【预控措施】

(1) 空调机组在吊装、运输过程中要做好成品保护,尽量避免拆装风机叶轮;如由于运输问题必须拆装,组装后应做动平衡处理。

(2) 检查风机减振弹簧,运输时固定的卡码在开机运行前需要拆除。

(3) 检查各部件的连接情况,有松动的要及时紧固。

(4) 检查箱体密封性,防止漏风及噪声。

(5) 检查进出风各个部件以及风阀开启状态,避免开度过大或不足,使机组风量接近设计值。

(6) 试运行前务必彻底清洁机组内部,清除所有杂物。

5.3.3 风机盘管漏水控制

【问题描述】

风机盘管有冷冻水(热水)或冷凝水漏出,损坏吊顶和地毯(图 5-24)。

图 5-24　风机盘管漏水

【原因分析】

(1) 不锈钢波纹管质量差,使用过程中出现穿孔或裂缝导致漏水。

(2) 不锈钢波纹管与风机盘管连接时,螺纹连接质量差,空调水从螺纹处渗出。

(3) 风机盘管吊装时倾斜,冷凝水不能顺利排出,导致冷凝水从集水盘溢出。

(4) 在调试时,将风机盘管的放气阀打开而忘了关闭,导致冷冻水(热水)从放气阀处漏出。

(5) 冬季风机盘管试压后未将盘管内的水放尽,极寒天气时冻裂盘管导致漏水。

(6) 集水盘内杂质未清理干净,堵塞排水口。

(7) 凝结水管堵塞或倒坡,冷凝水不能顺利排出,导致冷凝水从集水盘溢出。

【预控措施】

(1) 不锈钢波纹管进场时,质检人员要严格把关,核对波纹管的型号,查看质量合格证书,对波纹管进行抽检,不合格的材料和产品严禁进场。

(2) 不锈钢波纹管与风机盘管连接时,螺纹连接应严密可靠,密封填料选择合适、填充均匀紧密,连接完毕后无渗水等现象出现。

(3) 风机盘管吊装时应水平,此时集水盘自然坡向凝结水排水口,使凝结水顺利排出。

(4) 风机盘管进水调试时,放气阀放完气应立即关闭。

(5) 风机盘管尽量避免在冬季进行试压,如确需试压,试压结束后应将盘管内的水放尽。由于风机盘管的构造为底部排管比进水口低,底部排管内的水很难通过重力自然排尽,此时需要通过压缩空气将排管内的残留水吹出,避免底部排管冻裂。

(6) 风机盘管安装前后都需要将集水盘内的杂质清理干净,防止杂质堵塞集水盘排水口或排水管道。

(7) 冷凝水排水管施工时,排水管的坡度应符合设计要求;当设计无要求时,管道坡度宜大于或等于 8‰,且应坡向出水口。风机盘管与排水管的连接应采用软接,并应连接牢固严密,保持畅通。冷凝水管道系统安装完毕后,应进行通水试验,以不渗漏、排水畅通为合格。

5.4 风管与设备防腐、绝热

5.4.1 风管支吊架锈蚀控制

【问题描述】

风管支吊架出现锈蚀,防腐油漆部分剥落,不仅影响观感质量,还影响风管及整个系统的使用寿命(图 5-25)。

图 5-25　风管支架防腐层受潮锈蚀

【原因分析】

(1) 材料质量不合格或使用不当:

① 防锈漆超过保质期;

② 防锈漆的种类选用错误;

③ 底漆与面漆不匹配或稀释剂选用不当。

(2) 防腐施工交底不详细,或没有严格执行:

① 金属表面清理不达标,表面有污物和铁锈,甚至局部不除锈;

② 涂层间隔时间不够,造成返锈、返漆现象。

(3) 未严格按照施工工序施工,支架在安装前没有进行除锈防腐。

(4) 施工的环境条件不适合,温度过低、湿度太大。

【预控措施】

(1) 防锈漆、面漆应按设计要求选用,且必须是有效保质期内的合格产品。

(2) 防锈漆施工应在支架的除锈基层清理工作完成后进行,一般底漆或防锈漆应涂刷 1～2 道,每层涂刷不宜过厚,以免起皱或影响干燥。如发现不干、皱皮、流挂、露底时,须进行修补或重新涂刷。在涂刷第二道防锈漆前,第一道底漆必须彻底干燥,否则会造成漆层脱落。

(3) 支架油漆施工应符合《通风与空调工程施工质量验收规范》(GB 50243—2016)第 10.1.3 条的规定:防腐工程施工时,应采取防火、防冻、防雨等措施,且不应在潮湿或低于 5℃的环境下作业。大部分的油漆在低温时(通常指 5℃以下)黏度增大,喷涂不易进行,造成厚薄不匀、不易干燥等缺陷,影响防腐效果。如果在潮湿的环境下(一般指相对湿度大于 85%)进行防腐施工,金属表面会聚集一定量的水汽,易使涂膜附着能力降低和产生气孔等。

风管支架防腐层完好,如图 5-26 所示。

图 5-26 风管支架防腐层完好

5.4.2 风管保温质量控制

【问题描述】

风管保温层表面出现冷凝水或保温层接缝处出现渗水或滴水现象,造成空调制冷量损失,甚至因冷凝水造成天花板等物品被损坏、电线短路等(图 5-27)。

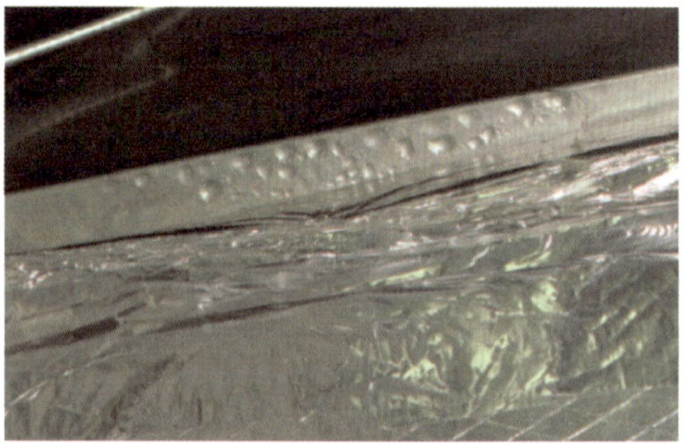

图 5-27 风管表面产生"冷桥"

【原因分析】

(1) 风管保温材料离心玻璃棉的厚度、容重等不符合设计要求。

(2) 风管玻璃棉保温施工方法不符合要求:

① 玻璃棉与风管间不密实、不牢固。

② 玻璃棉间接口不严密,缝隙处未填实,保温材料接缝处胶带脱落。

③ 风管法兰连接处产生冷凝水,保温厚度达不到规范要求。

④ 风口接管长度过短或与风口连接存在错位,造成风管与风口连接部位间隙大,导致保温缺失或仅用铝箔胶带粘接,产生冷凝水。

⑤ 风管在穿越混凝土墙预留洞或防火分区隔墙的套管时,由于人为疏忽,预留洞或套管内没有连续保温,造成保温段有缺失;或预留洞或套管尺寸较小,使风管的保温厚度达不到设计要求或无法进行连续保温。

⑥ 风管贴梁安装或风管安装密度大,超大规格风管无保温空间或有保温遗漏。

【预控措施】

(1) 保温材料应按设计要求选用,并应符合现行国家标准或行业标准的规定。其必须是有效保质期内的合格产品,所用材料材质、密度、规格及厚度应符合设计要求,运输及存放过程中应避免保温材料受潮、霉变及损坏。

(2) 风管玻璃棉保温施工:

① 玻璃棉敷设的施工方法应该按照《通风与空调工程施工质量验收规范》(GB 50243—2016)第 10.3.6 条执行。

② 在粘胶带前,如果棉板铝箔有灰尘,应采用抹布擦干净再粘胶带,从而减少胶带脱落的情况发生。

③ 风管采用角钢法兰或共板法兰连接时,法兰应进行单独保温。《通风与空调工程施工规范》(GB 50738—2011)第 13.4.6 条第 3 款规定风管法兰部位的绝热层的厚度不应小于风管绝热层的厚度,以保证法兰处不产生凝结水。

④ 风管与风口连接管尺寸要测量、制作准确,连接管与风口连接要紧密到位,保温棉敷设要与风口接触密实,保温棉露棉处要用铝箔胶带粘接封堵。

⑤ 在施工预留预埋阶段,混凝土预留洞和套管预留时,要考虑风管的保温厚度及防火套管,避免给后续的绝热工程造成施工困难。绝热管道在穿越预留洞或套管时,保温材料要连续、不间断。另外,当防火隔墙上的风管预留洞规格较大时,须协调土建加过梁,以防止套管和风管变形,无法进行保温。

⑥ 风管安装过程中,尤其是空调机房,因风管的布置密度较大,需提前考虑绝热工程的保温空间和操作空间;在空间有限时,可考虑安装前进行绝热。对绝热工程完成的区域要进行排查,尽量避免出现遗漏或无法进行保温的现象。

风管玻璃棉保温施工规范、密实,如图 5-28 所示。

图 5-28　风管玻璃棉保温施工规范、密实

5.4.3 风管保温外保护质量控制

【问题描述】

风管保温外保护层破裂或搭接方向错误,导致外保护层内积水,接缝处渗出水或外表面结露(图 5-29)。

图 5-29 风管保温金属外保护层破裂

【原因分析】

(1) 保护壳接口处施工工艺不对,在雨水天气造成保护壳内积水。

(2) 屋顶风管保温金属外保护连接不牢固,遇大风等恶劣天气,易发生金属外保护壳破裂,造成保护壳内积水。

(3) 室外风管保温后,由于在开放的空间,管理比较困难,人为破坏概率很大,保温或保护壳被破坏后,会造成内部产生冷凝水或雨水渗入,造成保护壳内积水。

【预控措施】

(1) 室内管道外保护层施工前应对内保温进行详细的检查与检验,确保内保温合格后方可进行外保护层的施工。防止因疏忽和人为破坏、保温不合格就进行外保护层施工。

(2) 地下室或地沟内的管道应尽量增加通风口,避免湿度太大造成冷凝水;在有条件情况下,可以增加通风设备,辅助通风。

(3) 室外管道:

① 编制科学合理的施工方法,尤其对搭接接口方向、搭接位置、搭接方式等做出详细的说明;金属保护壳的纵、横向接缝应顺水搭接,纵向接缝应设在侧面。

② 金属保护壳板材的连接应牢固严密,外表应整齐平整,应能抵御大风等恶劣天气(图 5-30)。

③ 要重视成品保护,防止人为破坏;如果有破坏情况,应立即组织返修;严禁内保温层未处理好就进行外保护层的施工。另外,要防止工人进行外保护层施工时对内保温层的破坏。交叉施工时,严禁在已施工完毕的外保护层上踩踏。

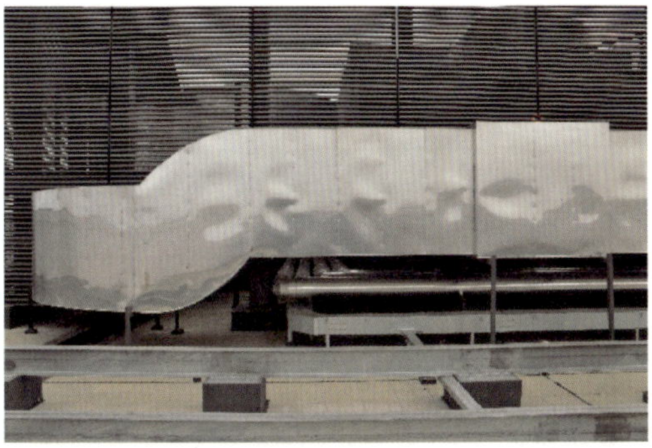

图 5-30 风管保温金属外保护搭接符合规范

5.4.4 保温风管的支架“防冷桥”质量控制

【问题描述】

支架与保温风管之间未装隔热垫木,导致“冷桥”的产生,造成能量的损失和支架的结露(图 5-31)。

图 5-31 风管未安装隔热垫木

【原因分析】

(1) 未采购隔热垫木,风管保温时将风管与支架一起包裹到保温棉内。

(2) 认为支架放置在保温层外,就不需要另外再装隔热垫木。

【预控措施】

(1) 根据《建筑节能工程施工质量验收标准》(GB 50411—2019)第 10. 2. 4 条第 4 款的规定:需要绝热的风管与金属支架的接触处,应有防冷桥的措施,并应符合设计要求。

(2) “防冷桥”措施一般是在需要绝热的风管与金属支吊架之间设置绝热衬垫(承压强度能满足管道重量的不燃、难燃硬质绝热材料或经防腐处理的木衬垫),其厚度不应小于绝热层厚度,宽度应大于支吊架支撑面的宽度。衬垫的表面应平整,衬垫与绝热材料间应填实、无空隙(图 5-32)。

图 5-32　风管安装隔热垫木

5.5　通风与空调系统调试

5.5.1　空调机组传动皮带安装质量控制

【问题描述】

皮带较松,轻压即有较大变形;电机运行电流偏小;风机转速不足,空调机组送风量下降,皮带磨损加剧,影响空调系统正常运行。

【原因分析】

(1) 机组装配时,安装人员未将风机与电机间距调整合适。

(2) 机组装配时,皮带轮调整有偏差,未在同一平面,皮带在长期运行下变得松弛。

(3) 皮带长期使用后,容易老化,皮带变得松弛。

(4) 更换新旧皮带后,如果皮带型号错误,皮带也会松弛。

(5) 运行维护人员不进行常规性检查,未及时更换松动的空调机组皮带。

【预控措施】

(1) 安装人员必须熟悉风机安装流程和验收标准,并且按流程和标准进行装配、检查,确保皮带张力适宜,偏差符合要求。

(2) 运行维护人员要定时进行空调机组的维护,并做常规性检查,定期更换皮带。

5.5.2　风管风量测定值与实际值偏差控制

【问题描述】

风管风量测量结果与实际风量有较大偏差。

【原因分析】

(1) 测量截面位置选择不当。

(2) 风管的测量点布置不当。

(3) 测量仪器选用不当。

(4) 测量仪器操作不当。

【预控措施】

(1) 测量截面位置选择不当的防治措施

风管风量测量的断面应选择在气流均匀的直管段上,且距上游局部阻力构件不应小于5倍管径(或矩形风管长边尺寸),距下游局部阻力构件不应小于2倍管径(或矩形风管长边尺寸)的管段位置处,如图5-33所示。当条件受限制时,可适当缩短距离,但应适当增加截面测点数。

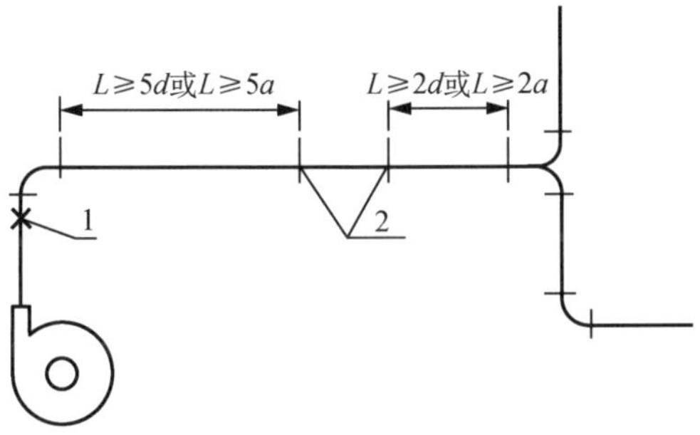

1—静压测点;2—测定断面;a—矩形风管长边长;d—圆形风管直径

图 5-33 测量断面位置选择示意

(2) 风量测量点布置不当的防治措施

① 矩形风管:将矩形风管截面划分为若干个接近正方形的面积相等的小断面,面积一般不大于0.05 m^2,且边长不应大于220 mm(虚线分格),测点位于各个小断面的中心(十字交点),测点的位置和数量取决于风管断面的形状和尺寸。布置方法见图5-34。

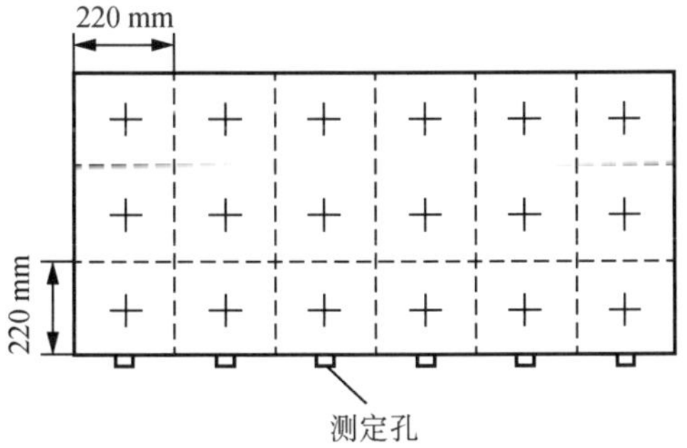

图 5-34 矩形风管测点布置

② 圆形风管:将圆形风管断面划分为若干个面积相等的同心圆环,测点布置在各圆环面积等分线上,且应在相互垂直的两直径上布置2个或4个测定孔。圆形断面测点数的确定及布置方法见图5-35和表5-4。

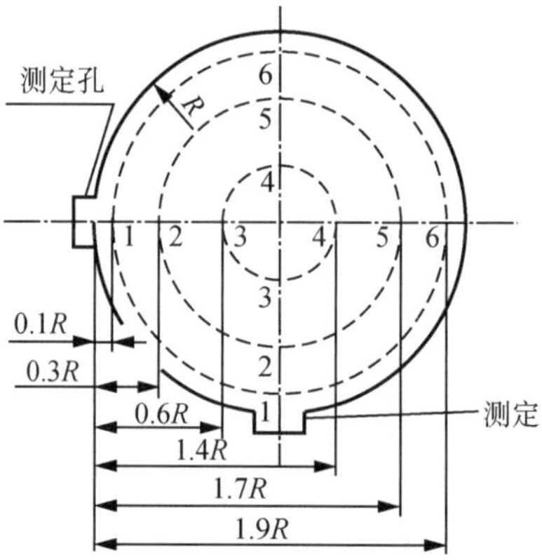

图 5-35 圆形风管 3 个圆环时的测点布置

表 5-4 圆形风管截面测点位置

圆形风管口径	200 mm 以下	200～400 mm	400～700 mm	700 mm 以上
圆环数	3	4	5	6
测点编号	测点到管壁距离(变径 R 的倍数)			
1	0.1	0.1	0.05	0.05
2	0.3	0.2	0.2	0.15
3	0.6	0.4	0.3	0.25
4	1.4	0.7	0.5	0.35
5	1.7	1.3	0.7	0.5
6	1.9	1.6	1.3	0.7
7	—	1.8	1.5	1.3
8	—	1.9	1.7	1.5
9	—	—	1.8	1.65
10	—	—	1.95	1.75
11	—	—	—	1.85
12	—	—	—	1.95

(3) 测量仪器选用不当的防治措施

风管风量测试仪器可以是毕托管和微压计的组合或直接使用风速仪;当动压小于 10 Pa 时,风量测量推荐用热电风速计或数字式风速计。

(4) 测量仪器操作不当的防治措施

① 采用毕托管测量时,毕托管的直管必须垂直管壁,毕托管的测头应正对气流方向且与风管的轴线平行。测量过程中,应保证毕托管与微压计的连接软管通畅、无

漏气。

② 采用热球式风速仪测量时,测量前应按仪表使用说明书的规定进行机械调零及预热调零;测量时,注意使测杆垂直,并使探头正对气流吹来方向。

5.5.3 系统实测总风量过小或过大控制

【问题描述】

系统风量过小,各风口处风量都很小,使通风/空调效果达不到设计要求。系统风量过大,各风口处风量都很大,增加风口处噪声。系统风量过大,还使电动机长时间处于超负荷运行,导致电动机温升较高,造成烧毁损坏。

【原因分析】

(1) 风机转速正常,但系统风量过小,主要原因有:

① 空气处理机的空气过滤器(网)积聚大量污物,严重堵塞通风有效面积,大大增加空气流动阻力。

② 总风管或各支风管的风阀处于关闭或半关闭状态。

③ 风阀的叶片脱落。

④ 风管系统布局及施工不合理,局部阻力过大。

⑤ 风机选型偏小。

(2) 风机转速正常,系统风量过大,主要原因有:

① 空气过滤器(特别是洁净系统的高效过滤器)在调试阶段尚未安装,系统的阻力远比设计的要小得多。

② 系统总风管没有设置风量调节阀。

③ 风机选型偏大。

【预控措施】

(1) 风机转速正常,但系统风量过小的防治措施

① 风机运转前,空调设备房及空气处理机必须清扫干净,并将空气过滤器(网)的污物清洗掉,以减少空气的流动阻力。

② 在测定系统总风量时,首先应将各支管及风口风阀全部开至最大位置,然后根据风机的电动机运转电流将总风管的风阀逐渐开至最大位置(以不超过电动机额定电流为准)。

③ 若全部风阀已开至最大位置,其总风量仍很小(或运转电流仍很小),应检查风阀开启位置是否正确,检查风阀的叶片与连杆是否有脱落现象。如叶片脱落,必须修复正常后才能使用。

④ 检查风管系统产生局部阻力较大的部位,并根据实际情况提出改进措施,以减少风机的压力损失。局部阻力增大的常见部位及改进措施如图 5-36 所示。

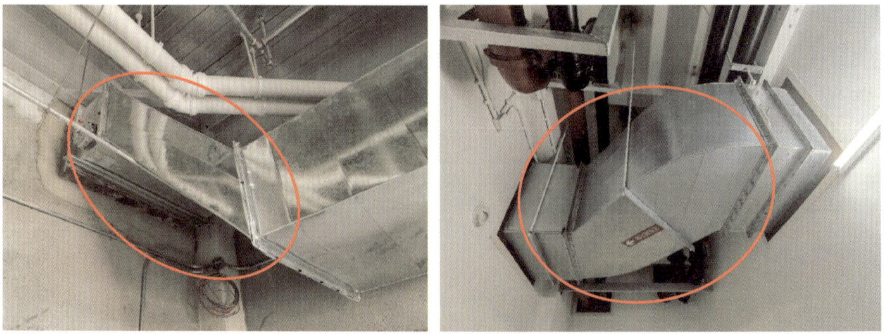

(a) 风管截面积缩小，局部阻力增加　　(b) 风管截面积不变，局部阻力减小

图 5-36　局部阻力增大常见部位及改进措施示意

⑤ 根据现场风管实际安装尺寸及设计风量要求，对照风机铭牌，复核风机全压和风量。若风机选型明显偏小，应与设计单位协商，重新对风机进行选型或对风机进行改造(改变风机的转数和电动机容量)。

(2) 风机转速正常，系统风量过大的防治措施

① 通过调节系统总风管的风量调节阀开启度，减小系统总风量至设计值。随着运行时间增加，空气过滤器的阻力也不断增加，再逐渐打开总风管风量调节阀的开启度，使总风量基本稳定在设计值的范围。

② 在系统总风管处增设风量调节阀。

③ 根据现场风管实际安装尺寸及设计风量要求，对照风机铭牌，复核风机全压和风量。若风机选型明显偏大，应与设计单位协商，重新对风机进行选型或对风机进行改造。

5.5.4 系统各风口的风量调整后与设计风量偏差过大控制

【问题描述】

(1) 各风口的风量大小不均，与设计值相差较大。

(2) 空调房间舒适性降低。对于洁净系统，洁净房间的含尘浓度不均匀。

【原因分析】

(1) 系统没有设置风量调节阀

① 在系统的主干支管、三通等风量调整重要部位没有设置风量调节阀。

② 成排风口没有设置风量调节阀。

(2) 风口风量测量方法不当

① 采用匀速移动测量法测定风口平均风速时，移动路径及测量次数不正确。

② 采用定点测量法测量风口风速时，测点布置及数量不正确。

③ 采用定点测量法测量风口风速，计算风量时，没有考虑风口的结构和装饰形

式进行系数修正。

④ 当对风口风量需较高精度的测量数据时,仍采用匀速移动测量法测量。

(3) 风口风量平衡调整方法不当

① 没有根据调试对象的具体情况,采用合适的风量平衡调整方法。

② 系统同时具有独立送/回风系统时,调试没有按“先回风后送风”的次序进行调整。

【预控措施】

(1) 系统没有设置风量调节阀的防治措施

① 系统的主干支管、三通等风量调整重要部位须按图纸设置风量调节阀;如图纸中没有设置阀门要求,则需与设计方沟通后增设,以保证能对各支管的风量进行平衡调整。

② 成排风口应按要求设置风量调节阀。

(2) 风口风量测量方法不当的防治措施

① 风口风量测量方法的选择:

a. 散流器风口风量,宜采用风量罩法测量;

b. 当风口为格栅或网格风口时,宜采用风口风速法测量;

c. 当风口为条缝形风口或风口气流有偏移时,宜采用辅助风管法测量;

d. 当风口风速法测试有困难时,可采用风管风量法。

② 采用风口风速法测量风口风量时,在风口出口平面上,测点不应少于 6 点,并应均匀布置。

③ 采用辅助风管法测量风口风量时,辅助风管的截面尺寸应与风口内截面尺寸相同,长度不应小于 2 倍风口边长。辅助风管应将被测风口完全罩住,出口平面上的测点不应少于 6 点,且应均匀布置。

④ 当采用风量罩法测量风口风量时,应选择与风口面积较接近的风量罩的罩体,罩口面积不得大于 4 倍风口面积,且罩体长边不得大于风口长边的 2 倍。风口宜位于罩体的中间位置;罩口与风口所在平面应紧密接触、不漏风。

⑤ 采用风口风速法(或辅助风管法)测量时,风口风量应按式(5-1)计算:

$$Q = 3\,600 \cdot A_{w} \cdot F \cdot V \tag{5-1}$$

式中:F——风口截面有效面积或辅助风管的截面积(m^2);

V——风口处测得的平均风速(m/s)。

(3) 风口风量平衡调整方法不当的防治措施

① 根据系统的具体情况,在风口数量较少的系统采用流量等比分配法,大规模系统风量平衡调节采用基准风口调整法测量风量。

a. 流量等比分配法,一般须从系统的最远管段即从最不利的风口开始,逐步地调向风机;调节阀门,使相邻支管间的实测风量比值与设计风量比值近似相等。如图 5-37 所示,先用 2 套仪器分别测量支管 1 和支管 2 的风量,并用三通调节阀进行调节,使两支管的实测风量与设计风量比值近似相等。

两支管的实测风量不一定能够马上调整到设计风量值。其他支管间采用同样的调整方法,使之各支管(或风口)间达到平衡。根据风量平衡原理,只要将风机总干管的总风量调整到设计风量,其他各干、支管的风量就会按各自的设计风量比值等比分配,从而符合设计风量值。

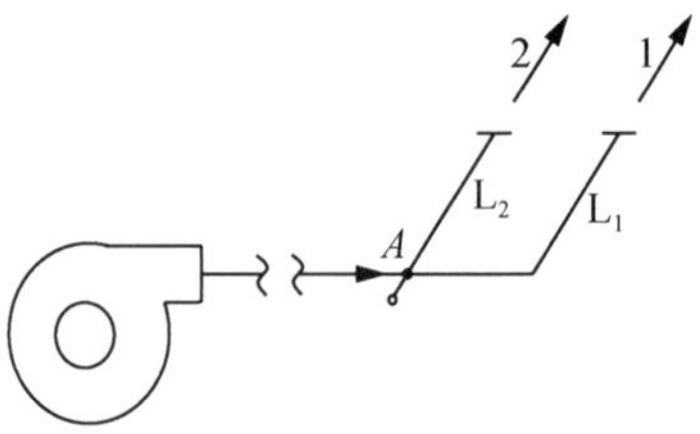

图 5-37　送风管道风量分配图

b. 基准风口调整法:首先,用风速仪将全部风口的送风量初测一遍,并计算出各个风口的实测风量与设计风量比值,将其进行比较后找出比值最小的风口。然后,选用各支管最小比值的风口为各自的基准风口,以此来对各支管的风口进行调整,使各比值近似相等。各支风管风量的调整,用调节支管调节阀使相邻支管的基准风口的实测风量与设计风量的比值近似相等,只要相邻两支管的基准风口调整后达到平衡,则说明两支管也已达到平衡。最后,调整总风管的总风量达到设计给定值,再实测一遍风口风量,即为风口实际风量。

② 系统同时具有独立送/回风系统时,为了减少送风系统与回风系统同时开启给风量调整带来的干扰,在调整前暂时不开启送风机,只开启回风机调整系统的风量。为此,需将空调房间的门打开以便由外部补充空气(对有洁净要求的系统,不可用开房门的办法补充空气)。当回风系统调整到基本平衡后,关闭房门再进行送风系统的调整,此时回风机同时运行。

5.6 冷凝水系统

5.6.1 组合式空调机组冷凝水排放控制

【问题描述】

组合式空调机组冷凝水排水不畅,将造成设备箱体漏水、风中水汽过大、箱体干式区域内的金属腐蚀。

【原因分析】

(1) 空调机组基础高度没有按照 U 形存水弯水封高度设计,造成基础高度不够。

(2) 冷凝水盘的排水管道无 U 形存水弯水封设置,排水管直接连接;冷凝水盘的排水管道 U 形存水弯水封高度尺寸设置不够。

(3) 冷凝水盘的杂物没有清理,堵塞水盘。

【预控措施】

(1) 特殊基础(浮筑基础等)应复核基础完成面的高度,避免高度不足导致无法设置 U 形存水弯。

(2) 冷凝水盘的排水管安装水封高度合理的 U 形存水弯。存水弯高度应根据冷凝水盘区域压力计算设置(图 5-38)。

(3) 提前清理设备集水盘内施工垃圾,安装完成后进行充水试验,排水顺畅,不渗漏为合格。

图 5-38 冷凝水排水管按设计要求设置存水弯

5.6.2 风机盘管的冷凝水排水规范性控制

【问题描述】

风机盘管直接接入卫生间排水立管,产生二次水患(图 5-39)。

图 5-39 冷凝水直接排入排水管

【原因分析】

冷凝水为低温液体,直接排至卫生间排水立管,容易造成未保温的排水管结露,产生二次水患。

【预控措施】

(1) 冷凝水总管须排至设计指定的排放点。冷凝水管和排水立管须做间接排放(图 5-40)。

(2) 建议对排水立管进行必要的保温,厚度应满足防结露要求。

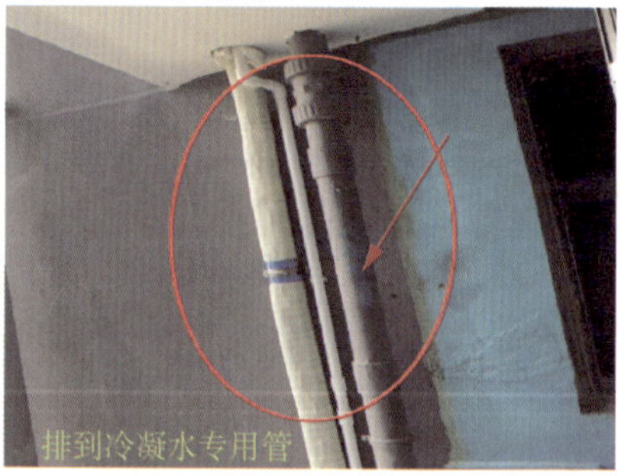

图 5-40 冷凝水排入专用管

5.7 空调(冷、热)水系统

5.7.1 管道最高点排气及最低点排污控制

【问题描述】

(1) 系统翻高处未设置手动放气阀,翻高部位的管道有气堵,子系统冷热效率不高(图 5-41)。

(2) 管路系统最低点未放置排污阀,无法排污,无法检测是否有水或判断水质情况(图 5-42)。

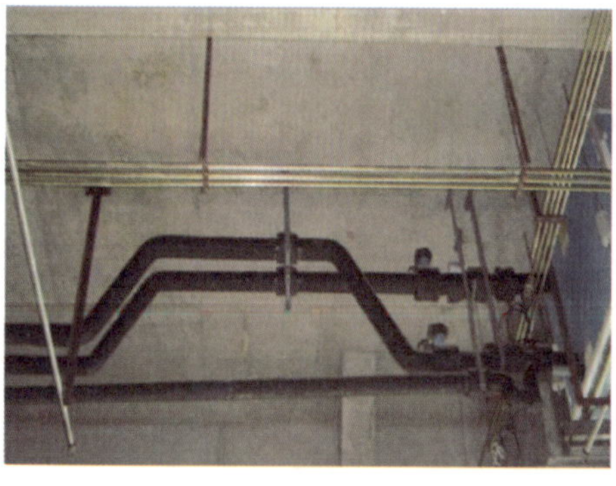

图 5-41 系统翻高处未设置手动放气阀

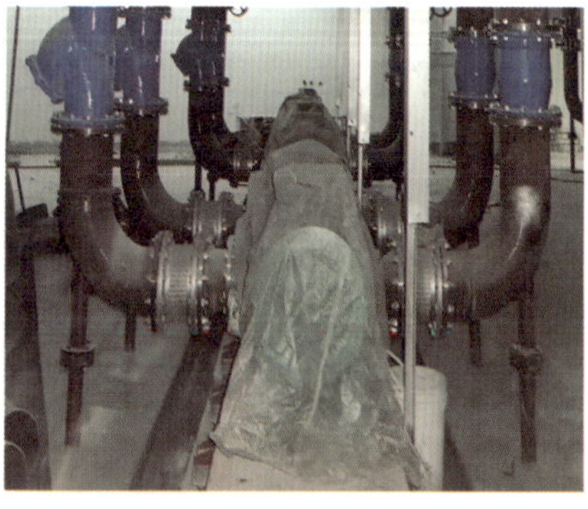

图 5-42 系统最低点未设置排污阀

【原因分析】

(1)管道翻高部位容易造成气堵现象,未做排气阀,容易造成水系统循环效率降低,严重时水击易造成设备和仪表损坏。

(2)管路低点不做排污,无法排净相关系统内部杂质,容易造成末端小过滤器堵塞,影响后续酸洗镀膜和后续冷热效果。管路未清洗干净并验收合格,直接将设备与管路连接,造成设备盘管堵塞,损坏设备。

【预控措施】

(1)施工前做好管线综合,合理规划各类管线高度,避免翻高爬低;当不可避免有气堵时,应尽可能设置放气阀,并引至安全位置排放(图 5-43)。

(2)建议在系统最低点、设备水管接驳处低位均设置排污阀,设备排污阀一般位于供水段底端,以 DN25 mm 闸阀为宜(图 5-44)。

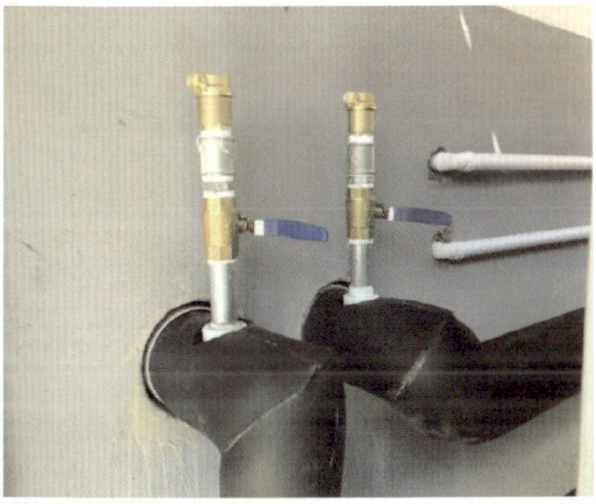

图 5-43 系统翻高处设置手动放气阀

图 5-44 系统最低点设置排污阀

5.7.2 管线补偿装置的选型及安装质量控制

【问题描述】

补偿器的立管支架失稳,管线脱落、变形(图 5-45)。

图 5-45 补偿器立管支架失稳

【原因分析】

(1) 管线临时支撑不当,或管线固定支架设置不合理,导致支架破坏、补偿器变形过量而失效。

(2) 补偿器本体安装时出现偏斜,造成补偿器受力方向主要不是轴向力,而是偏向力,致使补偿器变形。

【预控措施】

(1) 补偿器一端的管道应设置固定支架,结构形式和固定位置应符合设计要求,并应在补偿器预拉伸(或预压缩)前固定(图 5-46)。补偿器距导向支架的间距须符合国标要求。在两个固定支架间设置的轴向位移补偿器宜紧邻第一副固定支架 4*D*(*D* 为管径)位置处安装,并在补偿器后 4*D* 和 14*D* 位置处分别设置第一和第二导向支架。

(2) 滑动导向支架设置的位置应符合设计与产品技术文件的要求,管道滑动轴心应与补偿器轴心相一致。

(3) 补偿器应按规范及说明书要求安装、调试。

图 5-46　补偿器立管支架设置合理、牢固

5.7.3　平焊法兰不焊内圈控制

【问题描述】

管道运行中,法兰与管道连接处产生裂纹,以致被破坏。

【原因分析】

平焊法兰与管道连接处只焊法兰外圈,不焊法兰内圈,且焊道余高不够。

【预控措施】

要保证法兰与管道接头处连接强度,在平焊法兰与管道连接处一定要内圈、外圈都焊。一般情况下,应将管道端头插入法兰厚度 2/3 处,内圈、外圈都要施焊,外圈焊缝的加强层厚度应达到设计或规范要求,内圈可满焊一遍,予以封闭。

5.7.4 Y 型过滤器安装控制

【问题描述】

过滤器容易堵塞、阻力很大等无法正常使用,或安装位置不便于操作和检修。

【原因分析】

(1) 安装中须保证阀门介质流向箭头与管路介质流向一致,否则水流在阀门处易阻塞。

(2) Y 型过滤器不便于清渣操作和检修,或未及时清理杂质。

【预控措施】

(1) 安装时,确保阀门介质流向箭头和管路介质流向一致。液体管道的滤网应朝下,蒸汽或气体管道的滤网应朝水平方向,垂直安装应根据过滤器安装指南进行。通常,Y 型过滤器上、下游可根据工艺要求设置压力表和切断阀。

(2) 配管时,应考虑用于滤网检修的闷盖便于打开进行检查和维修,保温和外保护也应方便拆卸。

5.7.5 不锈钢水箱安装控制

【问题描述】

不锈钢水箱和不锈钢法兰局部锈蚀,进水口与溢流口高度差不足。

【原因分析】

(1) 不锈钢水箱与支架、不锈钢法兰与碳钢法兰间无隔离措施,因渗碳造成腐蚀。

(2) 水箱进水不符合规范要求的空气间隙。

【预控措施】

(1) 安装时,与不锈钢水箱及法兰接触部位应采取隔离等防渗碳专项措施。

(2) 进水管口最低点高出溢流边缘的空气间隙不应小于进水管管径(不应小于 25 mm),且不大于 150 mm。

5.7.6 设备基座限位器控制

【问题描述】

设备减震器变形,设备本体偏移,附属管线拉断或管线开裂。

【原因分析】

因设备弹簧减震器失效等意外因素,未提前考虑设备允许位移范围,并做限位约束。

【预控措施】

设于减震台座四周的限位件与对应的减震台座的侧面相抵靠,限位件与安装基础固定连接,以限制运行中的设备所允许的位移范围,可有效防止减震台座在前后左右四个方向上的过度偏移,确保设备在运行过程中的震动偏移在安全弹性范围内。

5.7.7 大型管道、设备保温规范化控制

【问题描述】

一体式的阀门保温,维修不便(图5-47)。

图5-47 阀门保温不便于拆卸维修

【原因分析】

阀门保温是重点、难点,须考虑保温的可拆卸检修。另外,保温将设备铭牌遮挡,不能识别设备的名称、规格和相关参数。

【预控措施】

(1) 施工前,需要在施工方案中明确每一根管道的位置和标高,留出阀门;法兰绝热施工的工作面,阀门及法兰部位的保温层结构应严密,且能够单独拆卸并不得影响其操作功能(图5-48)。

(2) 阀门位置的绝热保温应采用可拆卸形式,同时避免因绝热材料紧贴阀杆而造成运动困难或卡住。为保证阀门操作方便,安装在机房内的阀门手轮、手柄等执行机构可不做绝热。

(3) 在包裹的保温层外设备铭牌的位置处再设置一块相同的铭牌,各种空调设备、阀门等铭牌在启动时均应完整显露、可视。

图 5-48　便于拆卸维修的阀门保温

5.8 冷却水系统

5.8.1 屋面管道支架与屋面结构的配合控制

【问题描述】

屋面管道支架未固定(图 5-49),多层管道支架未统一,管道支架锈蚀严重。

图 5-49　支架与结构未做固定

【原因分析】

(1) 管道承重支架必须生根到屋面结构层,且要和防水施工同步密切配合,确保在不破坏防水结构的情况下高出屋面保温层。

(2) 屋面管道支架未做防腐或防腐未达到要求。

【预控措施】

(1) 支架基础面层与屋面面层做法相同。支架根部在做找平层时先做好混凝土墩,防水卷材卷到混凝土墩上部,然后做好砂浆保护层,保护层与管道支架间填塞柔性防水嵌缝油膏。

(2) 支架和管道严格按设计要求刷防锈油漆,底漆满足防锈蚀要求,面漆符合工程相应观感要求。

支架与结构固定牢固,如图 5-50 所示。

图 5-50 支架与结构固定牢固

5.8.2 屋面管线综合、联合钢平台等控制

【问题描述】

屋面设备和附属管线敷设布置密集,缺少操作及维修空间;屋面检修无通行条件,部分管线和保温被强行通行所损坏(图 5-51)。

图 5-51 未考虑维修通行空间的屋面管线布置

【原因分析】

(1) 屋面施工需要提前考虑管线支架、设备基础、设备进场就位、管线安装等与

屋面防水和保温施工的时间、空间的动线和流程配合。

(2) 同时也要为预见性施工需求、后期的运行和维修空间等实际需求提供必要保障。

【预控措施】

(1) 提前利用 BIM 技术进行屋面管线综合和碰撞检测,同时考虑屋面设备的操作和维修空间,对屋面设备管道进行合理的布置,至少生成屋面机电管线预留预埋布置图、屋面基础平面预留图(所有基础尽量轻型化,与结构基础等紧密可靠连接),并提前预留必要的检修通道;对于确实无法通行的区域,设置必要的、经济可行的设备通行平台加工图。

(2) 根据“先里后外、先上后下”的顺序,进行屋面设备分阶段垂直和水平驳运就位。在屋面防水和保温层施工完毕后,先将各类预制好的支架在提前预埋的支架基础上牢固固定,再进行各类管线敷设。

(3) 屋面无动火作业后进行保温和外防护壳的施工,同步将预制的检修平台就位,做好标志标识。

屋面管线布局合理,如图 5-52 所示。

图 5-52 屋面管线布局合理

5.9 压缩式制冷(热)设备系统

5.9.1 设备基础质量控制

【问题描述】

设备基础外形尺寸超差,基础中心线偏移,标高过高或过低;预埋地脚螺栓螺纹受损;基础出现沉降;使用型钢作为设备基础,地脚螺栓歪斜、松动(图 5-53)。

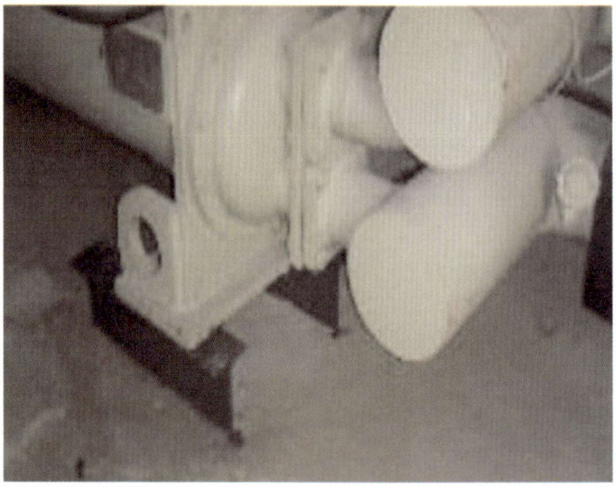

图 5-53　制冷设备基础不规范设置

【原因分析】

设备基础的施工、验收和产品保护未按照规范实施。

【预控措施】

(1) 按照规范纠偏;联动机械的安装,应在设备基础上按规范规定埋设坚固的中心标板及基准点,垫铁设置合理、规范(图 5-54)。

(2) 严格按规范进行基础验收,办理书面交接手续。

图 5-54　基础设置规范,地脚螺栓牢固

5.9.2　动设备两端的软连接及其限位控制

【问题描述】

软接头变形,强力镶接(图 5-55);制冷机组位移过量。

图 5-55　支架安装错误,软接头变形

【原因分析】

(1) 软接头变形,主要原因有:配套支架设置错误,造成软接头失效;软接头两侧管道安装时,垂直和纵横方向中心点未在同一条中心线上,通过软接头错位强行接头;连接软接头的两片法兰未处于平行状态或法兰螺栓孔不同心,从而扭曲;两边法兰间距与柔性接头尺寸规格不一致,造成接头受压缩或拉伸。

(2) 设备机组在运行时如无水平位移的定位装置,就会发生纵横方向的位移,导致接口受力变形,发生泄漏,严重者会发生疲劳性破坏。

【预控措施】

(1) 软接头安装前,先制作一段与软接头同尺寸的短管(两边带法兰,法兰孔中心线重合),代替软接头进行预先安装,待管道安装调整完成后,再安装软接头;管道安装过程中应进行拉线、定位,管线的纵横方向弯曲和垂直度满足规范要求;橡胶软接头在安装时严禁超越位移极限安装,管道必须有固定支撑或固定托架,否则应安装防拉脱装置;安装螺栓时要对称逐步加压拧紧;支架应设置在软接头后部(图 5-56)。

图 5-56　支架安装正确,软接头自然状态

(2) 机房管道系统试验完毕、正式使用前,软接头的临时约束装置应拆除并根据厂家说明及设计要求将限位装置调整至规定位置。

(3) 在设备机组安装大样图中明确在机座纵横方向应设置定位挡板。

5.9.3 设备用房排水控制

【问题描述】

设备用房无地沟,应急排水未直接接入地漏,有积水现象(图 5-57)。

图 5-57 设备机房无地沟,容易导致积水

【原因分析】

对设备和系统可能的应急排水量认识不足,没有提前进行机房有组织排水的策划。

【预控措施】

(1) 做机房详图时提前根据设备和系统最大排水量进行预判,与土建专业配合设置必要排水沟,推荐将所有设备机组周围环绕较浅地沟,并通往较深的主排水沟,再通往机房积水坑。

(2) 溢流管、泄空管当排入明沟或集水坑时,溢流管、泄空管管口应高于明沟或集水坑上边沿,不得与排水管道直接连接,应采用间接排水方式,管道应高于喇叭口顶 15 cm。

(3) 机房大流量的泄水管,应直接接入排水沟内(图 5-58),并宜通过三通向两侧延伸至少各 1 m,不得散排。

图 5-58　设备机房排水排入地沟

5.10　多联机(热泵)空调系统

5.10.1　冷媒管的质量控制

【问题描述】

制冷剂泄漏,铜管内有堵塞现象(图 5-59)。

图 5-59　制冷剂管道泄漏

【原因分析】

外部水分(雨水、施工现场的水)、管内的潮气,容易引起管内受潮。而焊接时所产生的氧化物、管道加工时产生的铜屑、现场的灰尘或脏物等均会导致脏堵问题。铜管本身缺陷或焊接质量不过关,产生气密性问题,则制冷剂容易泄漏,导致不制冷/热。

【预控措施】

(1) 进行管道封口、氮气吹洗、真空干燥。

(2) 胀口连接的管子胀口时不得有裂纹,铜管的椭圆度和壁厚符合产品质量标准。

(3) 选择恰当的材料和工具,严格按照作业规范作业,进行气密性检测,确保系统严密、无泄漏(图 5-60);分段检验,整体保压,分级加压;管道过长时,应分段检查。

图 5-60 制冷剂管道无泄漏

5.10.2 空调机调试质量控制

【问题描述】

室内机存在送风不足、运转噪声大、操作空间不足等问题。室外机存在散热不好、运转噪声大、操作空间不足等问题(图 5-61)。

【原因分析】

主要由气流组织形式、安装位置、管路走向、风管设计、隔音措施等因素引起。

【预控措施】

(1) 室外机组须安装在表面平整、水平且有足够强度的基础上。

(2) 基础与机组支撑之间安装减震器,室外机组须预留足够的空间,以便有足够的新风进入和热气排出。

(3) 室内机保证通风良好,气流不受阻碍物遮挡,冷凝水能顺利排出,有足够的空间进行保养维修。

室外机布局合理,如图 5-62 所示。

图 5-61　室外机布局不合理

图 5-62　室外机布局合理

6 建筑电气工程

6.1 室外电气安装工程

6.1.1 室外直埋电缆的保护控制

【问题描述】

室外直埋电缆保护层受损，绝缘电阻值下降(图 6-1)。

图 6-1 室外电缆保护层受损

【原因分析】

(1) 室外电缆沟底部未平整，碎石和尖锐硬物未清除。

(2) 电缆敷设时未按规定在底部敷设细沙或软土。

(3) 直埋电缆上层未铺设电缆保护盖板。

【预控措施】

(1) 挖掘室外电缆沟时，注意清除底部碎石、砖块及尖锐硬物。

(2) 电缆上下应敷设细沙或软土(图 6-2)。

(3) 铺设电缆保护盖板，沿线设置电缆标志桩。

(4) 直埋电缆穿越道路时，注意埋深深度并敷设电缆保护管。

图 6-2　电缆铺沙敷设

6.1.2　室外路灯及庭院灯接地控制

【问题描述】

室外路灯(或庭院灯)未做可靠接地保护(图 6-3)。

图 6-3　路灯未接地

【原因分析】

(1) 室外灯具及金属灯柱接线未设置专用接地端子。

(2) 室外灯具及金属灯柱未与保护接地干线做可靠的连接。

(3) 室外路灯(或庭院灯)安装处未敷设保护接地干线。

【预控措施】

(1) 灯具定制时,要求厂家必须设置专用接地端子,并设置明显的接地标志。

(2) 保护接地线采用绝缘多芯软导线时,与接地端子的连接应设置铜接头,垫片、弹簧垫片应齐全,并连接可靠(图 6-4)。

图 6-4 路灯可靠接地

(3) 按设计及规范要求设置独立的保护接地干线。

6.1.3 室外电缆槽盒防水控制

【问题描述】

(1) 室外电缆槽盒采用了普通的平形盖板,且其盖板端部无防水复板(图 6-5)。

(2) 室外电缆槽盒底部未设置泄水孔。

图 6-5 室外电缆槽盒采用普通的平形盖板

【原因分析】

(1) 室外电缆槽盒盖板形式选用不合理。

(2) 室外电缆槽盒未考虑渗漏雨水的泄放。

(3) 电缆槽盒盖板搭接处的间隙未采取防雨措施。

【预控措施】

(1) 室外电缆槽盒选用坡形的盖板,防止雨水在电缆槽盒盖板上汇集。

(2) 室外电缆槽盒盖板选用有搭接板(复板)的产品。

(3) 室外电缆槽盒应选用其底部带泄水孔的产品,或者在电缆槽盒内部的底板上等间距开设泄水孔(图 6-6)。

(4) 室外桥架的连接螺栓材质须与桥架材质相同。

图 6-6 室外电缆槽盒采用带坡度盖板,底部开有等间距泄水孔

6.1.4 室外导管敷设防水控制

【问题描述】

(1) 室外导管终端开口向上,导管口敞开无防水弯,造成雨水侵入导管(图 6-7)。

(2) 室外导管采用套接紧定式钢导管,造成雨水侵入导管。

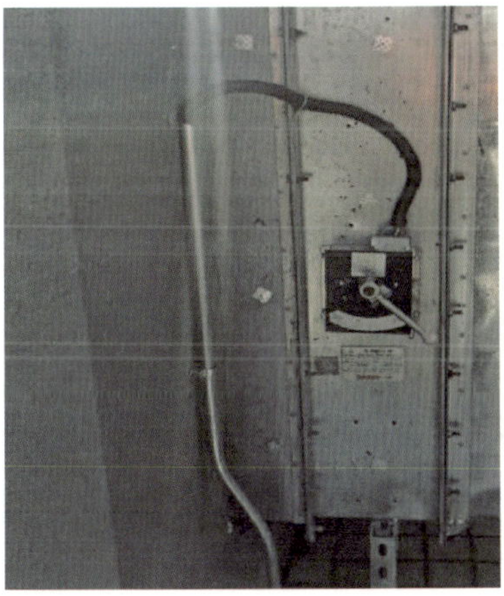

图 6-7 室外配管终端未采取防雨措施

【原因分析】

(1) 金属软导管与刚性导管连接口不密封,或金属软导管防水层老化破损,造成雨水侵入导管。

(2) 套接紧定式钢导管的管件不防水,造成雨水侵入导管。

【预控措施】

(1) 室外导管敷设应采用厚壁镀锌导管,严禁使用套接紧定式钢导管及套接扣压式钢导管。

(2) 室外导管管口不应敞口垂直向上,导管端部应设有防水弯(或采用专用防水接头),并应经弯成滴水弧状的防水性柔性导管引入设备的接线盒,在导管穿线后进行密封处理(图 6-8)。

图 6-8 室外配管设置防水弯或采用专用防水接头

6.2 变配电室安装工程

6.2.1 灯具安装位置控制

【问题描述】

变配电室的照明灯具安装在高低压配电柜的正上方,给照明灯具的维修带来风险(图 6-9)。

图 6-9 照明灯具装在配电柜正上方

【原因分析】

(1) 施工前,未对变配电间空间的各类管线进行综合布置。

(2) 照明灯具定位未核对高低压配电柜的空间位置。

(3) 线槽灯施工时,为避让风管而过于靠近高低压配电柜边框垂直线。

【预控措施】

(1) 变配电间地坪完成后,根据图纸弹出高低压配电柜位置。

(2) 对变配电间空间的各类管线进行综合布置,照明灯具应避开高低压配电柜的正上方。

(3) 靠近墙体走道的照明灯具宜贴墙安装。

(4) 在两列配电柜间的操作通道上部安装的照明灯具应居中(图 6-10)。

图 6-10 照明灯具安装在通道居中位置

6.2.2 成套配电柜内所有搭接螺栓紧固及间隙控制

【问题描述】

电缆接头螺栓未紧固到位,或裸露导体的间隙较小未采取绝缘隔离措施(图 6-11)。

图 6-11 电缆接头间隙较小未采取绝缘隔离

【原因分析】

(1) 电缆接头搭接时,各相之间间隙过小。

(2) 施工完成后未逐个螺栓进行检验,存在螺栓未紧固或紧固不到位。

(3) 拆卸随箱螺栓时有丢失,未进行增补,仅对剩余的螺栓进行紧固;或施工时某些部位操作困难,作业人员未进行螺栓紧固。

【预控措施】

(1) 采用专用扭矩扳手进行螺栓紧固,施工完成后逐个检验并划线标记(后期标线移位则表明螺栓松动)。

(2) 线缆连接后,不能满足电气安全间隙要求的,应采取绝缘隔离措施(图 6-12)。

(3) 要求厂家每套配电箱多配几个紧固螺栓备用;对于难以施工的位置,根据现场实际工况制作一些简易的工具(如柜体较深的,可焊接加长扳手手柄)。

(4) 要求厂家配套"散掌"铜排,增加电缆接头的间隙。

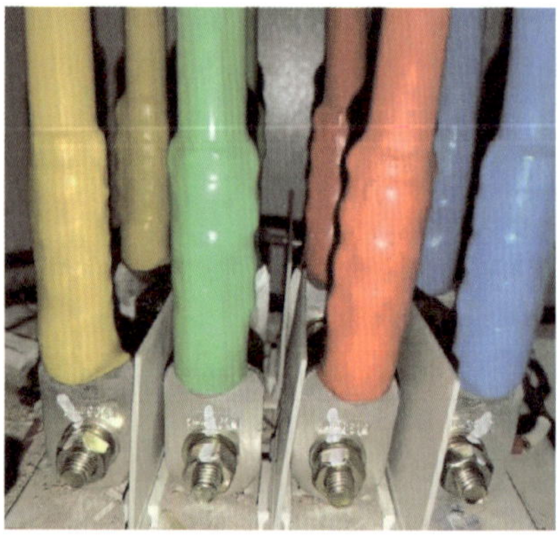

图 6-12 螺栓紧固后划线标记并采取绝缘隔离

6.2.3 成排配电柜底框接地的搭接焊控制

【问题描述】

接地扁钢与底框焊接的搭接长度不足,焊渣未清除干净(图 6-13)。

图 6-13 接地扁钢与底框连接长度不符合要求

【原因分析】

(1) 预埋施工时,未预留足够长度接地扁钢。

(2) 后续工作未加长足够长度接地扁钢。

(3) 焊接施工后,未及时敲除焊渣。

【预控措施】

(1) 预埋施工时,预留足够长度的接地扁钢,保证扁钢搭接不小于扁钢宽度的2倍,并做扁钢搭接三面焊接(图6-14)。

(2) 焊接作业后,应及时敲除焊渣并刷涂保护漆。

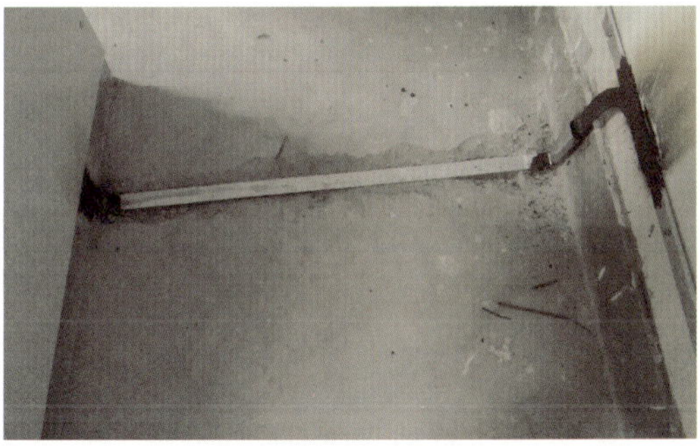

图6-14 接地扁钢与底框焊接长度大于扁钢宽度的2倍

6.2.4 变电所接地干线地坪处保护套控制

【问题描述】

接地干线穿出地坪处未设置保护套管(图6-15)。

图6-15 接地干线穿出地坪处未设置保护套管

【原因分析】

(1) 在预埋施工时,接地干线穿出地坪处未设置保护套管。

(2) 土建浇筑地坪前未跟进预埋保护套管施工。

【预控措施】

(1) 接地扁钢向上穿出地坪预埋时,需考虑好同步放置保护套管(图 6-16)。

(2) 预埋施工时,应根据变电所门的位置,将变电所内过门处的接地干线预埋在结构板内,并放置套管,且接地扁钢应预留足够长用作后期焊接。

(3) 及时跟进建筑施工,在建筑进行完成面施工时同步进行地坪处接地干线及保护套管的敷设。

(4) 钢套管与接地干线做电气导通,且套管管口应封堵。

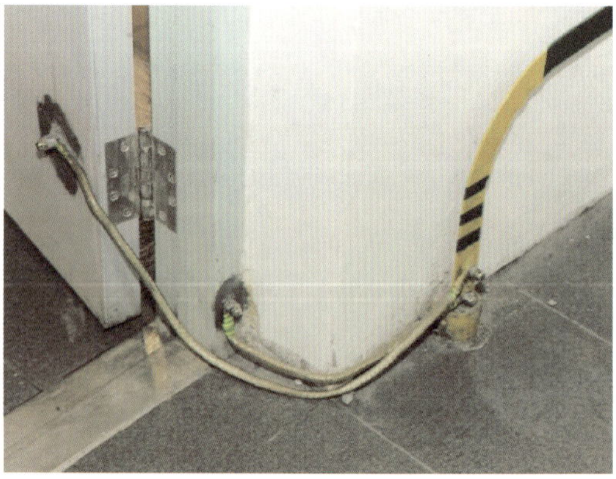

图 6-16　接地干线穿出地坪处设置保护套管

6.3　供电干线安装工程

6.3.1　桥架过建筑物的变形缝处理控制

【问题描述】

在变形缝处桥架直接联通,造成桥架变形(图 6-17)。

图 6-17　过变形缝桥架未设置伸缩节

【原因分析】

(1) 桥架过建筑物的变形缝未设置补偿装置。

(2) 桥架过建筑物的变形缝虽设置了补偿装置但未留足够的间隙。

【预控措施】

(1) 施工前了解建筑变形缝的位置。

(2) 穿越建筑变形缝处的桥架连接设置桥架伸缩节,桥架连接片一端开腰子眼,螺母不拧紧(图 6-18)。

(3) 在补偿装置两侧的桥架,采用多芯铜芯软导线或铜编织带做可靠跨接。

图 6-18 桥架过变形缝处设置伸缩节

6.3.2 空气开关接线端子与线缆的接线端子规格型号匹配控制

【问题描述】

线缆的接线端子与空气开关接线端子不匹配(图 6-19)。

图 6-19 线缆的接线端子与空气开关接线端子不匹配

【原因分析】

通常是设计线缆截面选用过大,由此造成端子选用较大,安装时未查验空气开关接线端子规格。

【预控措施】

(1) 当导线的接线端子与断路器接线端子规格不适配时,断路器接线端子应采用增加过渡段来解决。

(2) 可采用双拼电缆形式。

线缆的接线端子与空气开关接线端子相匹配,如图 6-20 所示。

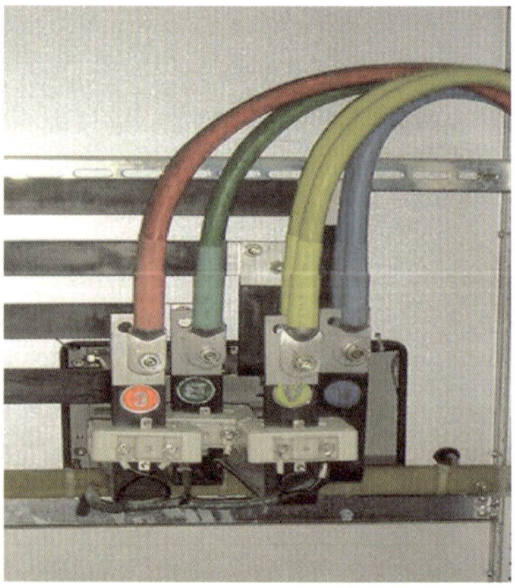

图 6-20 线缆的接线端子与空气开关接线端子相匹配

6.3.3 水平母线槽固定点控制

【问题描述】

母线槽固定点设置在母线槽段的连接处(图 6-21)。

图 6-21 母线槽支架设置在连接处

【原因分析】

(1) 母线槽固定支架定位存在偏差,偏差累积后造成局部固定点设置在母线槽连接处。

(2) 水平段母线槽拼接未按厂家编号排布。

【预控措施】

(1) 认真研读厂家随机安装图纸,严格按照图纸段号进行排布。

(2) 施工前了解母线槽安装相对位置,对母线槽安装位置进行多次测量,精确定位(图 6-22)。

图 6-22　母线槽支架设置均匀规范

6.3.4　桥架三通、弯头电缆保护角控制

【问题描述】

桥架直角弯处无过渡(图 6-23)。

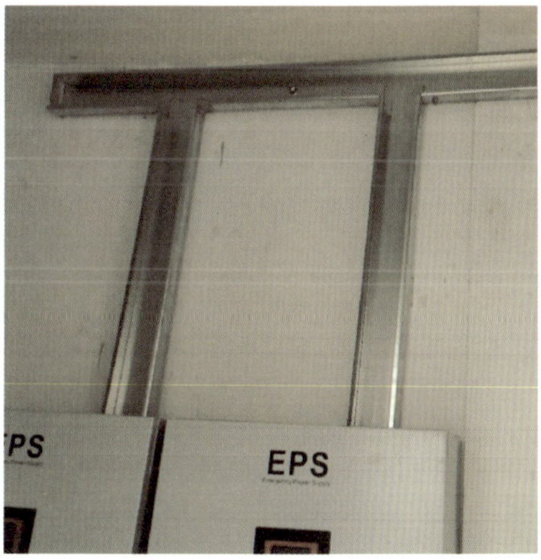

图 6-23　桥架未设置 45°弯

【原因分析】

(1) 作业人员经验不足,桥架制作未考虑直角过弯会拉伤电缆保护层。

(2) 桥架未采用成品三通、成品直角弯。

【预控措施】

(1) 桥架安装时应采用带45°斜角的成品三通、弯通等定型产品(图6-24)。

(2) 现场制作桥架弯通应考虑电缆弯曲半径要求,设置过渡角弯。

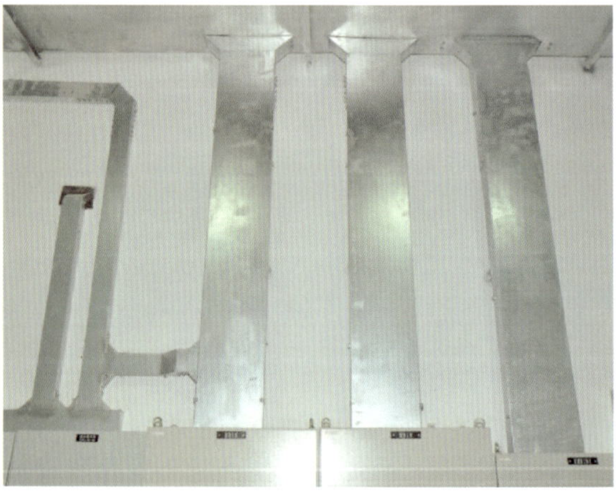

图6-24 桥架设置带45°斜角的成品三通

6.3.5 氧化镁电缆接头防潮控制

【问题描述】

氧化镁电缆施工时未注意防水防潮(图6-25)。

图6-25 氧化镁电缆在潮湿环境中敷设

【原因分析】

(1) 氧化镁电缆的接头处易受潮,绝缘层由矿物氧化镁组成,极易与空气中的水分发生化学反应。

(2) 地下室敷设时受环境影响较大,地面容易积水,湿度较大。

(3) 电缆锯断时端部未及时包封,电缆头未做好防潮保护措施。

【预控措施】

(1) 电缆进场时盘上的电缆头尾应有密封护套。

(2) 现场电缆锯断后,端部应及时做好密封处理。

(3) 氧化镁电缆存放时注意防水防潮;电缆受潮或进水后,应采用烘烤或加热等措施及时处理。

(4) 电缆敷设时,注意不要直接放在潮湿的地面,可以采取架空措施。

(5) 施工时应做好防潮措施,先将矿物电缆截掉一段(0.1～0.2 m),然后将矿物电缆铜外套剥切,用喷灯驱潮。

氧化镁电缆头规范安装,如图 6-26 所示。

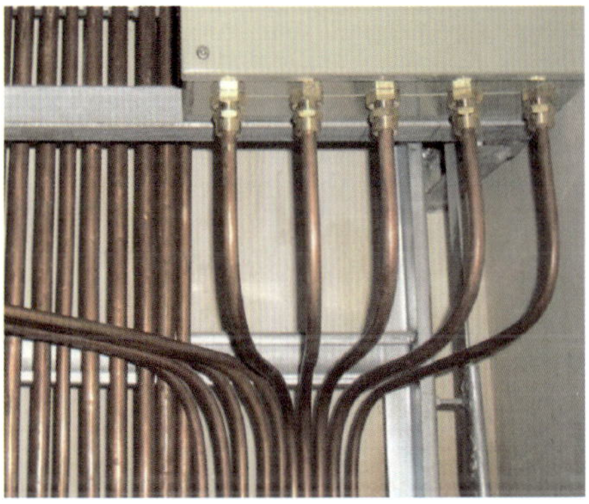

图 6-26 氧化镁电缆头规范安装

6.3.6 竖向母线弹簧支架安装控制

【问题描述】

垂直安装的母线弹簧未处于自然放松状态(图 6-27)。

图 6-27 母线弹簧支撑器预紧螺帽未放松

【原因分析】

(1) 施工人员不理解垂直母线弹簧支架的作用,只用作固定垂直母线。

(2) 上部螺母拧紧后,弹簧处于受力状态,不利于控制母线热胀冷缩引起的变形。

【预控措施】

(1) 在弹簧支架安装前,确保地面上的槽钢在同一个竖直线上。

(2) 安装时应预紧,弹簧压缩量应由承载母线的重量确定(弹簧压缩量由厂家提供),安装完成后旋松(图 6-28)。

图 6-28 垂直安装完成后的母线弹簧处于松弛状态

6.4 电气动力安装工程

6.4.1 配电箱(柜)与保护导体连接可靠性控制

【问题描述】

金属配电箱(柜)本体、带电器装置的箱(柜)的门以及型钢基础未与保护导体有效连接(图 6-29)。

图 6-29 带电器的金属柜门未与接地排连接

【原因分析】

(1) 金属配电箱(柜)体表面喷塑,导致连接螺母接触不良。

(2) 带电器装置的箱(柜)的门未直接与柜内 PE 排有效连接,通过柜体续接至保护导体。

【预控措施】

(1) 接地线与金属配电箱(柜)体连接固定时,应刮去表面油漆涂层。

(2) 金属柜门应采用绝缘铜芯软导线与保护导体连接。

(3) 型钢基础需单独与保护导体可靠连接(图 6-30)。

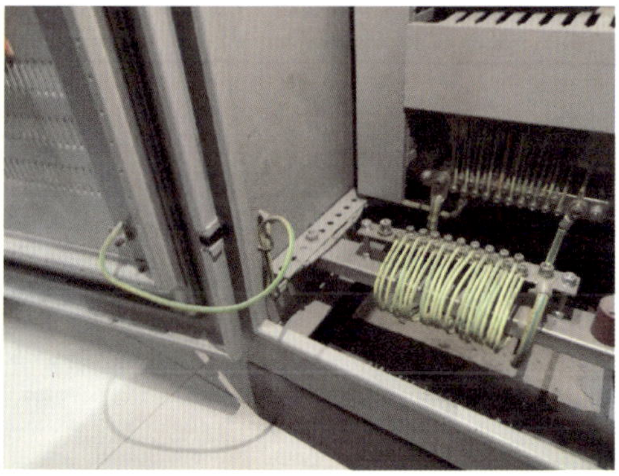

图 6-30 带电器的金属柜门与接地排可靠连接

6.4.2 潮湿场所配电柜基础控制

【问题描述】

地下室及潮湿场所配电柜基础未达到规范要求,容易进水(图 6-31)。

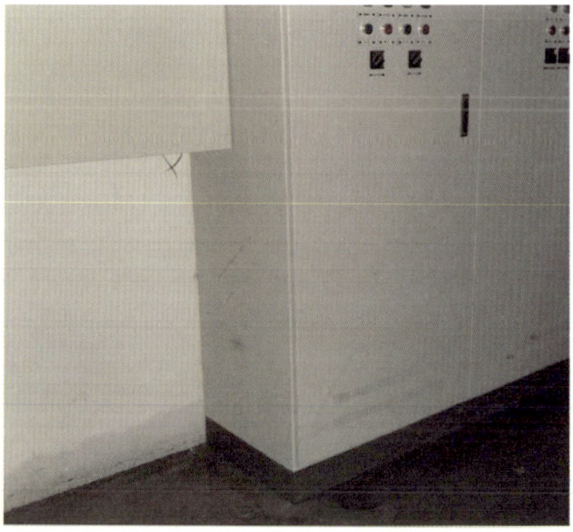

图 6-31 地下室潮湿场所配电柜基础过低

【原因分析】

(1) 配电柜基础按室内地上标准制作,未考虑地下室区域容易积水情况。

(2) 地下室特别是水泵房内,一旦排水不畅,容易造成大面积积水。

【预控措施】

(1) 根据配电柜安装位置,一般地下室区域基础高度应达到 200 mm 以上(图 6-32)。

(2) 可以要求土建在地下室易积水区域先做 100 mm 以上混凝土基础。

(3) 可采用架空型支架底座加高配电柜基础。

图 6-32 泵房间的控制柜基础抬高设置

6.4.3 配电箱(柜)进线缆口保护控制

【问题描述】

配电箱(柜)进线缆口机械开孔,孔边锋利,易割伤电缆(图 6-33)。

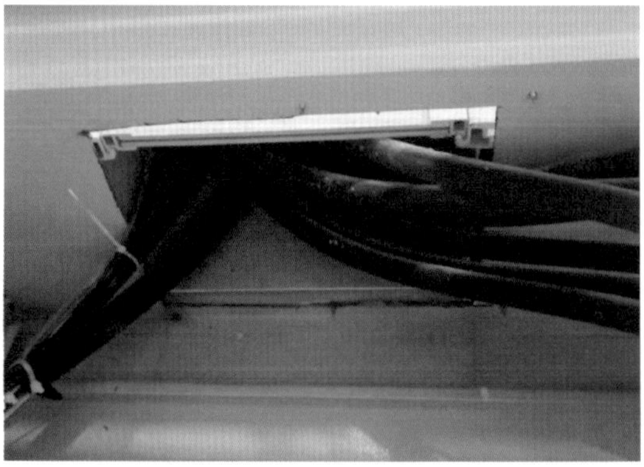

图 6-33 配电箱(柜)进线口毛边未采取保护措施

【原因分析】

(1) 机械开孔后未去毛刺。

(2) 切口未用护圈保护。

【预控措施】

(1) 机械开孔后对孔洞进行打磨去毛刺,并包覆软垫,避免电缆与孔洞锐边直接接触(图 6-34)。

(2) 要求厂家根据桥架规格在顶板预留相应大小的孔洞。

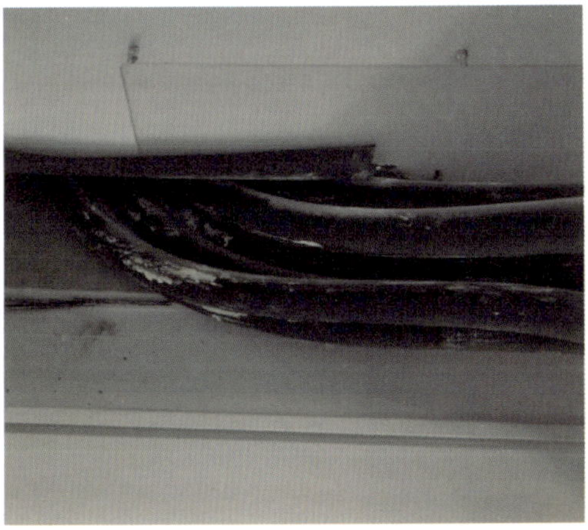

图 6-34 配电箱(柜)进线口用橡胶圈作保护

6.4.4 配电箱(柜)的中性排、PE 排端子接线质量控制

【问题描述】

中性排、PE 排一个端子上接两根以上的导线,多根中性线拧成一股后用一根导线连接至零排(图 6-35)。

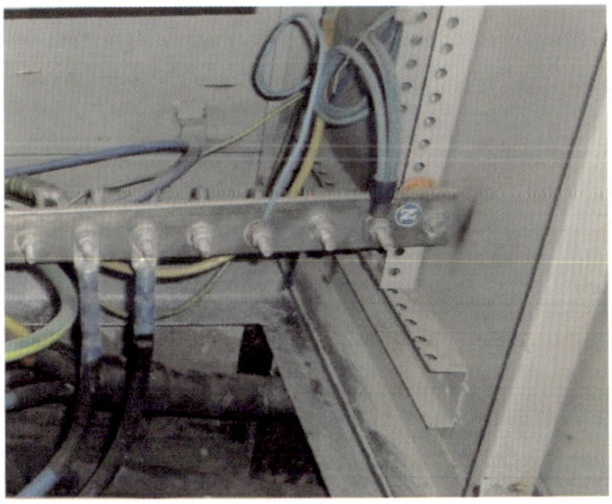

图 6-35 多根中性线未分开接在端子排上

【原因分析】

(1) 配电箱(柜)内中性排、PE 排接线端子数量不能满足需求。

(2) 施工人员接线时图方便。

【预控措施】

(1) 要求厂家根据配电箱回路留足点位及点位间距。

(2) 中性排、PE排端子可正反面各接一根,且两根必须是同一回路(图6-36)。

(3) 配电箱(柜)进场时,应对其中性排、PE排接线端子数量是否满足需求进行验收。

图6-36 中性排、PE排一个端子最多接两根导线

6.4.5 长距离桥架中间接地控制

【问题描述】

长距离桥架大于30 m时,中间接地点数量不符合规范要求(图6-37)。

图6-37 长距离桥架中间未设接地点

【原因分析】

(1) 长距离桥架敷设时,超过30 m,未按规范要求增设一个接地点。

(2) 桥架走向变更,原预留点位距离桥架较远。

【预控措施】

(1) 在建筑结构预埋施工时,应根据桥架走向,在桥架途经的每 20～30 m 处,预留一根接地扁钢用作桥架接地。

(2) 从就近接地点引一根接地扁钢至桥架附近用作中间接地连接(图 6-38)。

图 6-38　长距离敷设的桥架增设接地点

6.4.6　桥架与振动设备的连接控制

【问题描述】

桥架与振动设备直接连接,造成振动的传递(图 6-39)。

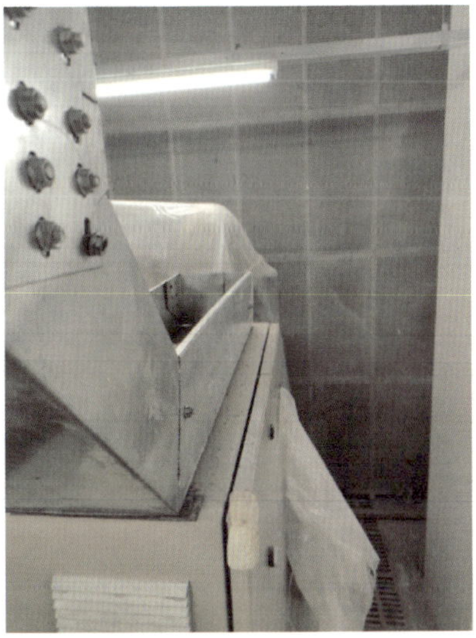

图 6-39　桥架与振动设备直接连接

【原因分析】

(1) 未考虑动设备运行时会产生振动。

(2) 桥架内电缆固定后未预留弯度及余量,长期运行振动后会损坏电缆绝缘层。

【预控措施】

(1) 桥架与振动设备接线箱不能直接连接,应留有间隙,并用软性材料对间隙处进行保护(图 6-40)。

(2) 电缆与设备接线箱连接留有余量和弯度。

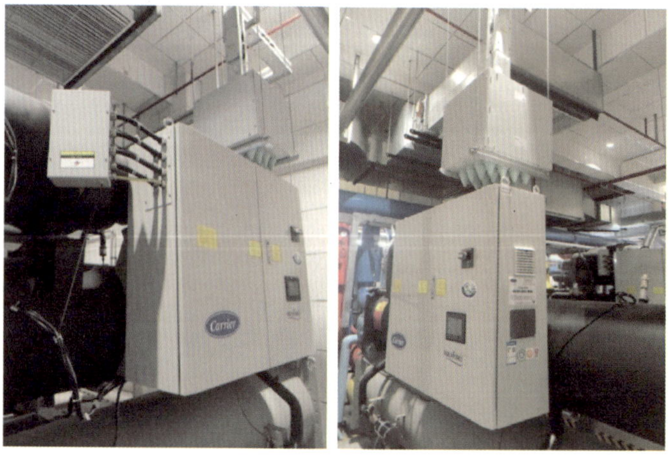

图 6-40　桥架与振动设备接线箱采用软管连接

6.4.7 配电箱(柜)出线口封堵质量控制

【问题描述】

配电箱(柜)出线孔未做封堵或封堵不到位(图 6-41)。

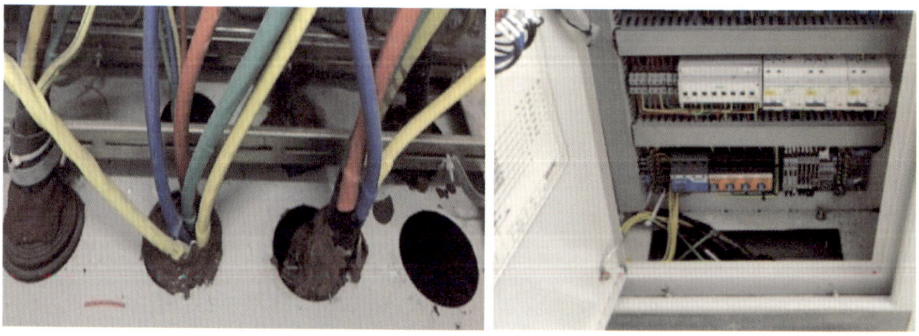

图 6-41　配电箱(柜)出线孔封堵不规范

【原因分析】

(1) 配电箱(柜)内线缆施工完成后多余孔洞遗漏封堵。

(2) 未重视防止小动物侵入而引起的电气故障需要采取的保护措施。

【预控措施】

(1) 施工完成后对配电箱(柜)逐个进行查验(图 6-42)。

(2) 根据封堵方案的要求,进行施工技术交底,明确配电箱(柜)的封堵要求。

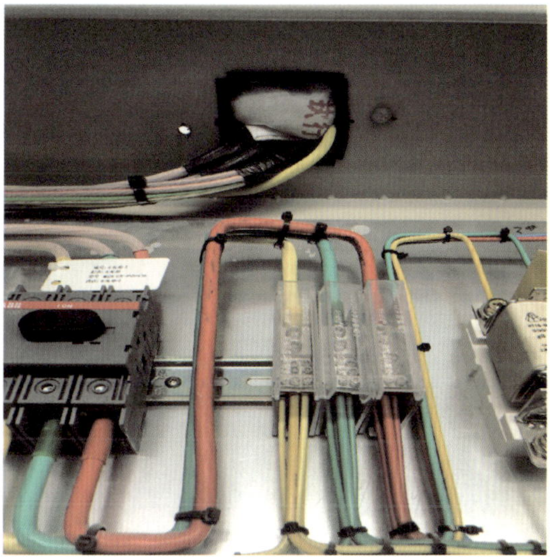

图 6-42 配电箱(柜)出线孔规范封堵

6.4.8 配电箱(柜)内线缆敷设质量控制

【问题描述】

配电箱(柜)内线缆敷设凌乱,线缆弯曲半径过小,接线不规范(图 6-43)。

图 6-43 配电箱(柜)内线缆敷设凌乱

【原因分析】

(1) 线缆敷设完成进入箱(柜)后随意布线,未进行整理固定。

(2) 线缆预留偏短,未留足弯曲所需长度。

【预控措施】

(1) 所有线缆进入配电箱(柜)后,考虑线缆走向,预留足够的接线长度。

(2) 将线缆按序理顺,完成接线后可用扎带绑扎固定(图 6-44)。

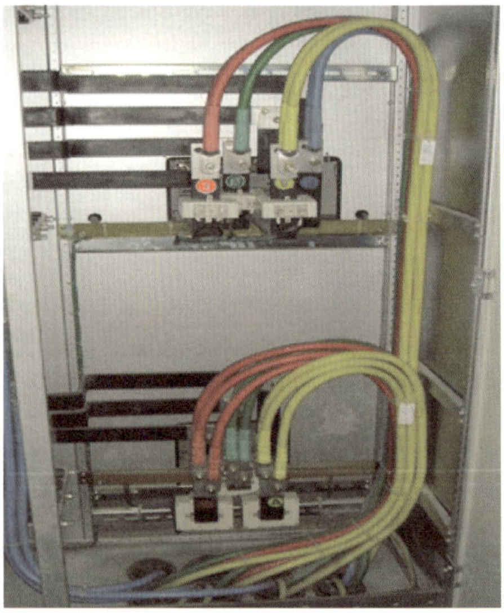

图 6-44 配电箱(柜)内电缆敷设整齐,弯曲半径符合规范要求

6.5 电气照明安装工程

6.5.1 预埋开关插座的深度控制

【问题描述】

预埋接线盒过深(图 6-45)。

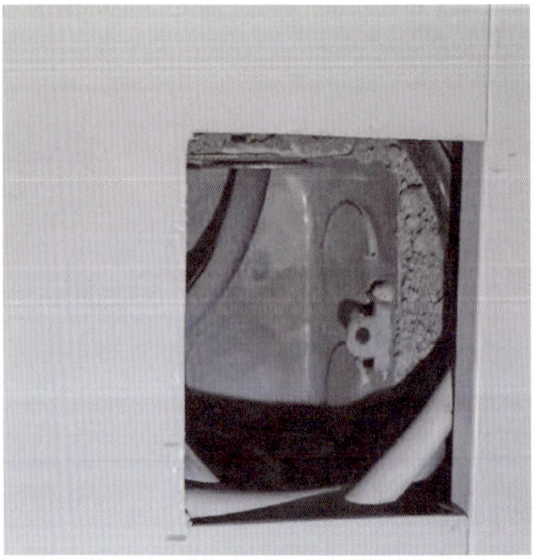

图 6-45 预埋接线盒距离装饰完成面过深

【原因分析】

(1) 未考虑墙面粉层厚度。

(2) 未考虑装饰完成面厚度。

【预控措施】

(1) 导管在接线盒连接上段应弯定身弯。

(2) 了解装饰面材质及厚度。

(3) 选用深型线盒,避免钢筋影响线盒的安装定位(图 6-46)。

图 6-46　预埋盒深度控制良好

6.5.2　导线保护柔性导管敷设控制

【问题描述】

吊顶软管过长,软管长度不符合规范要求(图 6-47)。

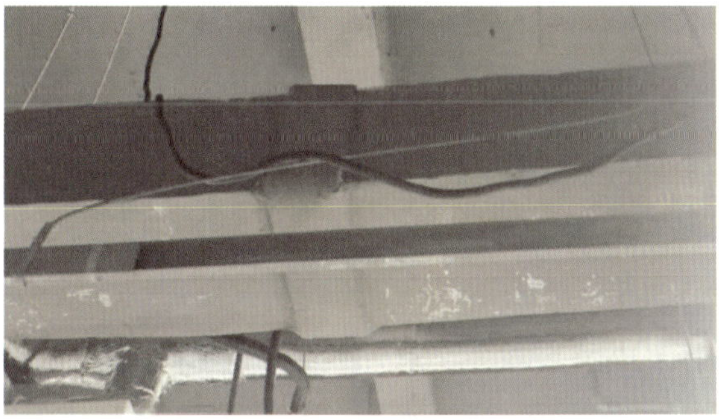

图 6-47　灯具软管长度过长

【原因分析】

(1) 线盒预埋位置离设备或器具接线点位距离太远。

(2) 楼板底部距离吊顶面距离太长。

(3) 吊顶内先完成配管,设备或器具安装完成后接线点位离线管末端距离太远。

【预控措施】

(1) 预埋定位前了解设备安装位置,让线盒尽可能靠近接线点位。

(2) 通过线盒驳接方式使硬管敷设到位。

(3) 刚性导管经柔性导管与电气设备、器具连接时,柔性导管的长度在动力工程中不宜大于 0.8 m,在照明工程中不宜大于 1.2 m(图 6-48)。

图 6-48 灯具软管长度符合规范要求

6.5.3 紧定式钢导管敷设控制

【问题描述】

紧定螺丝未设置或未拧断(图 6-49)。

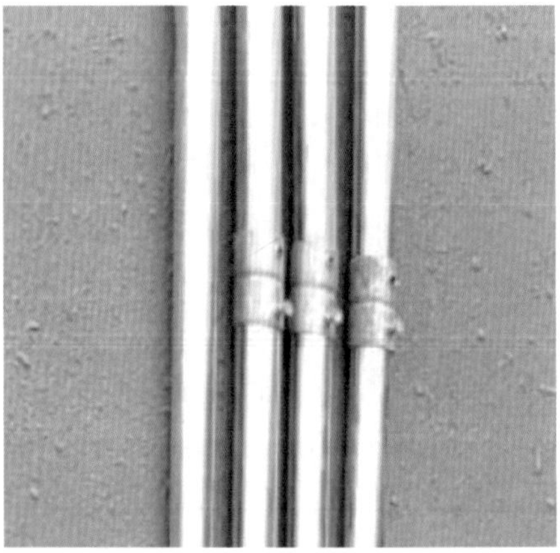

图 6-49 上端紧定螺丝未设置,下端紧定螺丝未拧断

【原因分析】

(1) 紧定螺丝数量多,配管时未同步施工,有遗漏。

(2) 紧定螺丝规格不符,材料硬度高,难以拧断。

(3) 施工人员对紧定管的施工工艺交底不明确,对紧定螺丝的接地作用不了解。

【预控措施】

(1) 施工前进行紧定管的施工工艺交底,明确紧定螺丝安装要求(图 6-50)。

(2) 选择符合规范的紧定螺丝。

(3) 加强班组自检及项目部抽检。

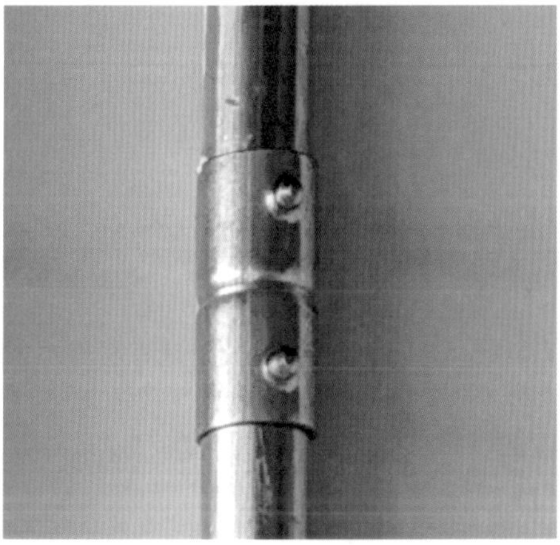

图 6-50 紧定螺丝旋紧至螺帽脱落

6.5.4 大型灯具固定装置的载荷强度控制

【问题描述】

(1) 大型灯具固定装置脱落,造成灯具整体坠落。

(2) 大型灯具固定在吊顶龙骨上,造成吊顶下垂变形。

【原因分析】

(1) 对大型灯具的安装要求及灯具重量不了解。

(2) 用膨胀螺丝固定吊钩后直接挂灯安装。

(3) 贪图方便,直接在吊顶龙骨挂灯安装。

【预控措施】

(1) 重量大于 10 kg 的灯具,固定装置及悬吊装置应按灯具重量的 5 倍恒定均布载荷做强度试验,且持续时间不得小于 15 min。

(2) 仔细阅读灯具出厂说明书,了解灯具重量及安装方法。

(3) 部分灯具要求在结构施工时预埋固定装置,应根据设计结点详图落实。

大型灯具牢固安装,如图 6-51 所示。

图 6-51　大型灯具牢固安装

6.6　自备电源安装工程

6.6.1　UPS 内部接线可靠性控制

【问题描述】

UPS 内部接线随意,螺母未拧紧(图 6-52)。

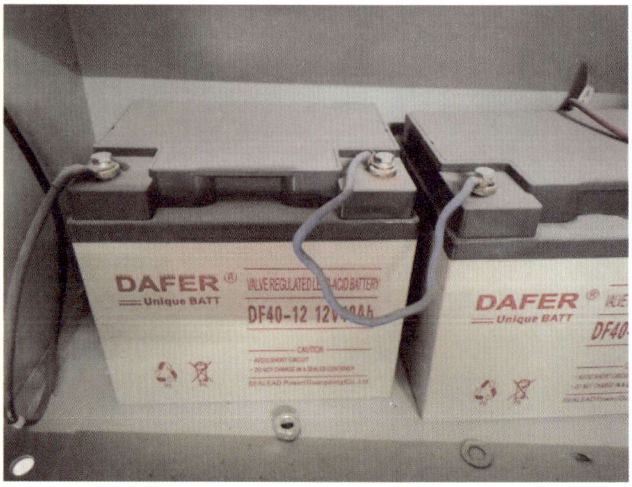

图 6-52　UPS 内部接线随意

【原因分析】

接线端子未固定牢固,可能产生接触不良情况,导致过热,发生燃烧。

【预控措施】

(1) 根据 UPS 设计型号选用匹配的连接导线。

(2) 导线连接必须可靠,建议采用力矩扳手紧固螺母。

UPS 端子接线牢固、规范,如图 6-53 所示。

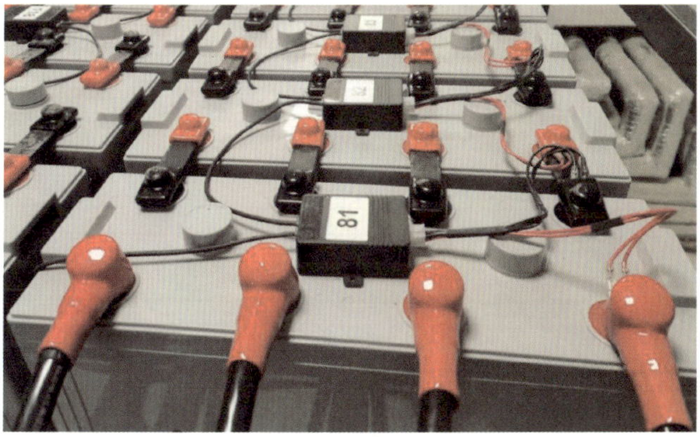

图 6-53 UPS 端子接线牢固、规范

6.7 防雷及接地装置安装工程

6.7.1 进出建筑物的金属管道接地控制

【问题描述】

埋地或架空的金属管道进出建筑物时,在入户处未做等电位连接(图 6-54)。

图 6-54 进出建筑物的金属管道未做等电位连接

【原因分析】

建筑物的金属管道在入户处未按设计或规范要求预留等电位连接点。

【预控措施】

(1) 预埋施工前,了解各专业金属管道进出建筑物的点位,在入户处预留接地钢板或接地扁钢。

(2) 如有新增入户点或预埋时遗漏接地点位,须通过就近的点位引至入户处并与金属管道做可靠连接(图 6-55)。

图 6-55　进出建筑物的金属管道做等电位连接

6.7.2　出屋面金属管道防雷接地控制

【问题描述】

出屋面的金属管道没有在屋面出入处做防雷连接(图 6-56)。

图 6-56　出屋面金属管道未做防雷连接

【原因分析】

建筑物的屋面没有预埋与防雷系统连接的接地干线。

【预控措施】

(1) 预埋施工前,了解各专业金属管道出屋面的点位,在出入处预留接地钢板或镀锌扁钢。

(2) 若有新增需接地的金属设备、金属管道时,须从就近的避雷网(带)引至需接地的金属设备、金属管道处,并进行可靠的连接(图 6-57)。

图 6-57 出屋面金属管道与屋面防雷系统可靠连接

6.7.3 屋面接闪带安装位置控制

【问题描述】

接闪带未设置在建筑物的外侧立面上(图 6-58)。

图 6-58 女儿墙接闪带未靠外侧墙敷设

【原因分析】

建筑物易受雷击的部位是檐角、女儿墙、屋檐。按传统方法施工,接闪带未在外侧墙敷设,可能对建筑物的保护不全。

【预控措施】

(1) 根据《建筑物防雷设施安装》(15D501)要求,第二类防雷建筑物超过 45 m,

第三类防雷建筑物高度超过 60 m 时,屋面接闪带应靠建筑物外沿敷设(图 6-59)。

(2) 避雷带固定支架预留时,应考虑向外沿延伸的角度。

(3) 接闪带和扣件焊接时,焊缝要饱满,焊接搭接长度应满足规范要求。

图 6-59 女儿墙接闪带靠外侧墙敷设

6.7.4 接地电阻测试点设置控制

【问题描述】

(1) 接地电阻测试点位置设置随意、高度不统一(图 6-60)。

(2) 盒内镀锌扁钢未设置连接螺栓,其面板无标识。

图 6-60 接地电阻测试点设置高度随意

【原因分析】

(1) 镀锌扁钢预留位置偏差,未调整到位。

(2) 镀锌扁钢引入盒内前未预先打孔,面板选用随意。

【预控措施】

(1) 按设计图纸位置并结合外墙装饰情况准确定位。

(2) 测试点所用安装盒的尺寸不应小于 150 mm×150 mm×100 mm。

(3) 镀锌扁钢引入盒内前预先打孔,到位后配全镀锌螺栓、垫圈、防松垫片及螺母。

(4) 面板选用不锈钢或铜质材质,表面印制或喷涂接地标识(图 6-61)。

图 6-61　接地测试点按设计要求设置

6.7.5　等电位箱箱内连接控制

【问题描述】

等电位箱内只有接地干线进入,未见连接至区域内各种设备的等电位连接线或镀锌扁钢(铜排)引出(图 6-62)。

图 6-62　等电位箱未见出线连接

【原因分析】

区域内需要等电位连接的线或镀锌扁钢(铜排)直接连接在接地干线上,没有连接至等电位箱的公共母排。区域内各种设备的接地没有做到等电位连接,等电位箱失去作用。

【预控措施】

(1) 预埋时按图纸位置预留等电位箱,同时接地干线、引出至各种设备的等电位连接线或镀锌扁钢(铜排)须穿入箱内并按要求连接,并做好路径标识(图 6-63)。

(2) 如采用明敷方式,须使用明装等电位箱。

图 6-63 等电位箱进出线连接可靠

6.7.6 电机外壳接地控制

【问题描述】

电机外壳接地不可靠(图 6-64)。

图 6-64 接地接在电机风扇外壳上

【原因分析】

电机外壳接地应与电机本体连接,风扇外壳是可拆卸部件,作为接地点不可靠。

【预控措施】

(1) 根据规范要求合理选择接地导线线径,接地导线须与电机本体做可靠连接,不能将接地导线和风扇外壳连接(图 6-65)。

(2) 接地导线应与接地干线有效连接,不可通过其他部件转接。

图 6-65　电机外壳接地线与电机本体可靠连接

7 智能建筑工程

7.1 综合布线系统

7.1.1 管槽安装的质量控制

【问题描述】

(1) 金属管敷设存在半明半暗的方式(图 7-1)。

(2) 明配管安装完成后未做好产品保护,被装饰施工作业污染。

(3) 槽盒并列排布时未预留充足空间,工人将接线盒敷设在槽盒底部(图 7-2)。

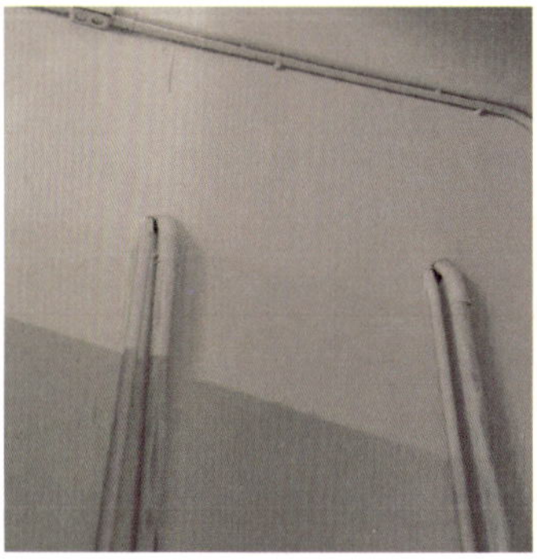

图 7-1 配管半明半暗

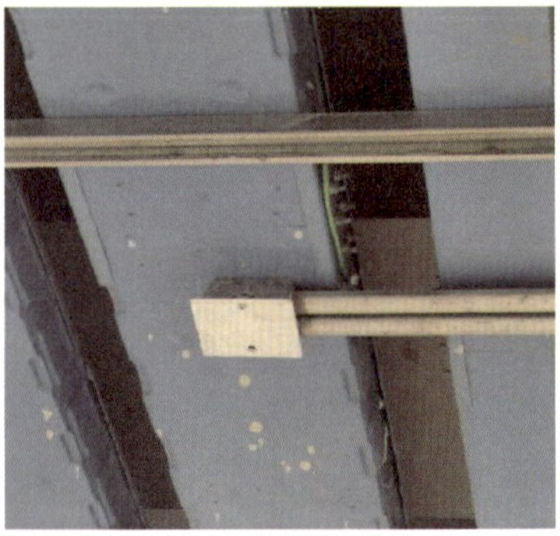

图 7-2 接线盒敷设在槽盒底部

【原因分析】

(1) 由于设计变更等原因产生点位变动,敷设方式由暗敷变明敷,管路敷设未全部调整而产生半明半暗的情况。

(2) 施工完成后未对自身产品进行保护,同时未及时与装修单位沟通,导致在墙面粉刷时配管被污染。

(3) 综合管路设计未充分考虑槽盒之间的间距,导致槽盒在敷设时中间间距不足,配管时易造成工人在槽盒底部开孔配过路盒。

【预控措施】

(1) 充分熟悉图纸,在施工现场对改变路线的点位重新进行路由规划,并重新进行专项的施工交底。

(2) 提升产品保护的观念,提前做好标识标牌,加强产品保护措施。

(3) 宜采用综合支架布置,根据槽盒规格型号,合理规划,预留安装空间。

(4) 加强沟通和现场巡查,发现问题及时解决。

金属管敷设由暗转明处加装过路盒如图 7-3 所示,接线盒在槽盒侧方引出如图 7-4 所示。

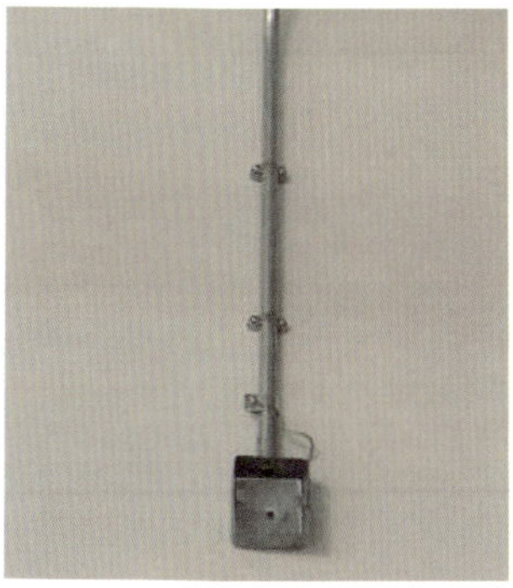

图 7-3 由暗转明处加装过路盒

图 7-4 接线盒在槽盒侧方引出

7.1.2 模块装配的质量控制

【问题描述】

综合布线面板模块后方线缆绝缘层剥离过长,双绞线裸露在水晶头外,抗干扰能力变差,线缆易破损(图 7-5)。

图 7-5 模块后水晶头线缆裸露

【原因分析】

施工班组凭借经验施工,导致线缆绝缘层剥离长短不一,个别线缆预留过长。

【预控措施】

(1) 规范模块安装的要求,线缆头外皮剥离 3 cm 左右,线缆按照插接顺序固定,将线缆修剪至相同长度(图 7-6)。

(2) 做好工序交底,增加工序验收工作。

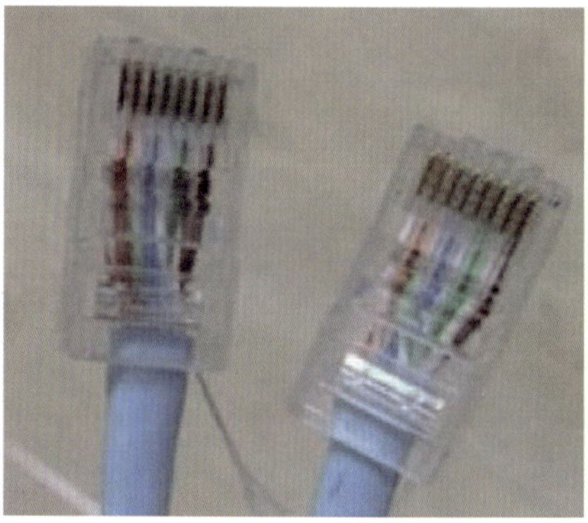

图 7-6 线缆修剪长度相同,按顺序固定

7.1.3 柜内布线的质量控制

【问题描述】

(1) 网络线缆缺少明显的标识(图 7-7)。

(2) 调试阶段部分线缆剥皮后裸露接入设备。

(3) 采用油性笔在线缆末端进行简易标记,后期调试过程中容易被抹除。

图 7-7 线缆裸露、标识不清

【原因分析】

(1) 施工不规范,线缆标识采用简易标识。

(2) 系统调试人员为使其工作便捷,对已敷设的线缆进行临时改动,完成调试工作后未能恢复。

【预控措施】

(1) 线缆标志、标签内容应齐全、清晰(图 7-8)。标志格式应统一,不能采用易磨损、擦除的标签形式。

(2) 在工序交接过程中进行预防性交底,明确不得无故损坏电缆、器材,如造成损坏应及时恢复原状。

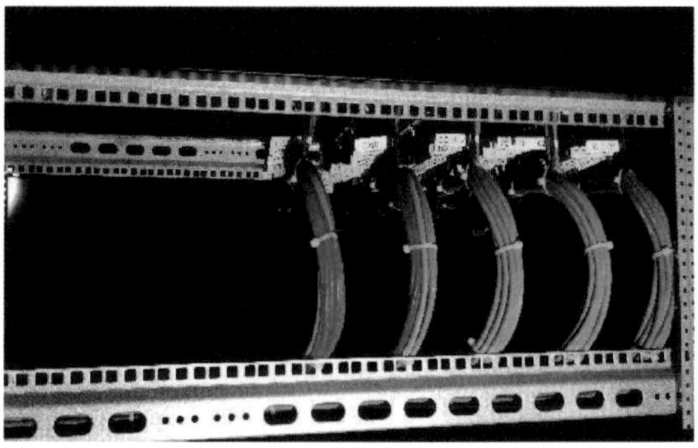

图 7-8 线缆标签清晰

7.1.4 光缆敷设的质量控制

【问题描述】

(1) 光缆布放存在扭绞的情况。

(2) 光缆布放在双绞线下方,受外力挤压易损(图 7-9)。

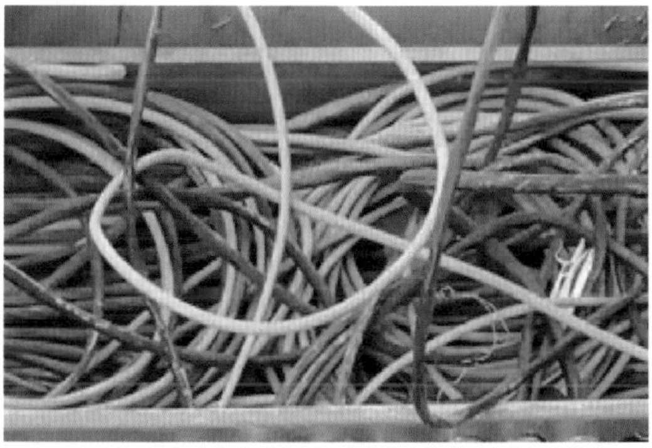

图 7-9 线缆扭绞,光缆受挤压

【原因分析】

(1) 光缆在双绞线前施工,双绞线敷设时直接在光缆上方布放。

(2) 多根光缆在布线时未采用排夹等措施固定,导致后期施工线缆互相扭绞。

【预控措施】

(1) 合理安排施工工序,充分考虑各工序之间的相互影响,做好预控措施。

(2) 光缆布线应自然平直,可以采用排线夹等措施可靠固定,防止扭绞、打圈等情况出现(图 7-10)。

图 7-10 线缆用固定卡固定、层次清晰

7.1.5 电缆敷设的质量控制

【问题描述】

(1) 竖井槽盒内的线缆未捆扎固定,电缆受到额外重力影响(图 7-11)。

(2) 强弱电线(缆)共用一个槽盒,易对弱电线(缆)造成信号干扰(图 7-12)。

图 7-11 垂直线缆未可靠固定

图 7-12 强弱电线(缆)共槽盒

【原因分析】

(1) 竖井槽盒中未设置承重用的横档,导致敷设电线(缆)时无法有效支撑线缆重量,在高层建筑施工中对线缆性能影响尤为明显。

(2) 施工班组未按图施工,贪图施工便捷往往会借用其他系统的管槽,但强弱电线(缆)共用槽盒而不采取屏蔽措施的情况下会造成信号干扰。

【预控措施】

(1) 综合布线线缆不应处于强受力状态,在竖井槽盒内均匀布设承重横档,完成敷设后线缆与横档应进行绑扎(线缆较多时应分批绑扎),使线缆均匀受力(图 7-13)。

(2) 综合布线线缆应单独敷设,与其他系统线缆槽盒保持合理间距。

(3) 如需与其他系统线缆共槽敷设,槽盒内应采用金属板等措施进行隔挡。

(4) 线缆的布放应自然平直,不得产生扭绞、接头等情况。

图 7-13 线缆与后方槽盒横档可靠固定

7.2 公共广播系统

7.2.1 管道敷设的质量控制

【问题描述】

(1) 扬声器预留接线盒点位与吊顶板开孔点位相距较远,采用金属软管连接,导致金属软管过长(大于 1.2 m)(图 7-14)。

(2) 紧定管缺少紧定螺丝或者紧定螺丝未拧断(本问题及预控措施详见前文 6.5.3)

图 7-14 软管过长

【原因分析】

通常,配管与吊顶施工不能同步进行,导致预留接线盒点位与后期精装图纸点位存在差距,预留点位往往与吊顶板之间存在一定的高度差。

【预控措施】

(1) 施工前检查设备所需的布线是否已到位,吊顶部分扬声器点位是否已按设备规格开孔。

(2) 尽早确定扬声器等设备的布放位置,发现与原点位存在距离偏差大的点位,应及时增加配管修正路由,避免金属软管过长。

7.2.2 末端设备安装的质量控制

【问题描述】

壁挂扬声器线缆裸露(图 7-15)。

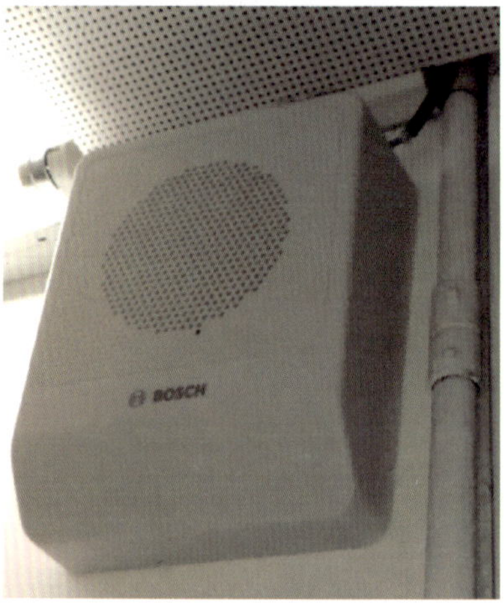

图 7-15 壁挂扬声器线缆裸露

【原因分析】

公共区域增加了吊顶,致使壁挂扬声器点位发生改变,二次安装时未充分考虑线路布置,线缆直接从原预埋点位拉线过来。

【预控措施】

(1) 在点位发生变更时,需要重新检查设备所需的配管、布线是否能合理敷设。

(2) 在点位发生变更时,应提前与相关单位沟通并做好变更措施。

7.2.3 穿线、理线的质量控制

【问题描述】

(1) 汇总到控制主机上的广播线缆未合理穿线、理线,造成线缆扭绞、缠绕等

情况。

(2) 槽盒内的线缆数量过多,造成槽盒内部拥挤;部分区域盖板与槽盒存在较大间隙(图 7-16)。

图 7-16 线缆布置不合理

【原因分析】

穿线、理线两个工序间隔时间较长,往往由不同班组实施,工序上交接不清,会引起线缆分配不均,导致理线困难而产生线缆扭绞、缠绕等情况。

【预控措施】

(1) 进入核心区域的线缆应由相同班组负责穿线、理线,前置班组应在各自线缆上做好标签、标识等。

(2) 在线缆较多的情况下可以采用两级绑扎的形式,即短距离小捆绑扎,长距离大捆绑扎,有效规范线缆行径。

(3) 应充分考虑线缆的数量,合理选择槽盒的型号,线缆不应超过槽盒截面的 60%。

7.3 会议系统

7.3.1 会议显示系统设备安装的质量控制

【问题描述】

会议室大屏出现坏点,影响画面质量(图 7-17)。

图 7-17　屏幕出现坏点

【原因分析】

(1) 设备自身损坏,在安装完成至调试阶段,设备满负荷工作状态(压力测试)存在一定的损坏率。

(2) 设备安装完成后产品保护不当,会议室湿度、温度、灰尘等不良环境,易对设备造成不利影响,形成坏点。

【预控措施】

(1) 设备存在自身特性,试运行超过一段时间后设备会趋于稳定。在调试阶段发现产品问题及时联系厂家维修或更换,满足试运行要求。

(2) 尽量降低交叉施工对已安装显示设备的影响,并做好产品保护工作,制订有效的防尘、防水、防霉、防震、防碰撞等措施。

7.3.2　扩声设备安装的质量控制

【问题描述】

会议室内大型扩声设备安装歪斜(图 7-18),且电源线缆存在裸露的情况(图 7-19)。

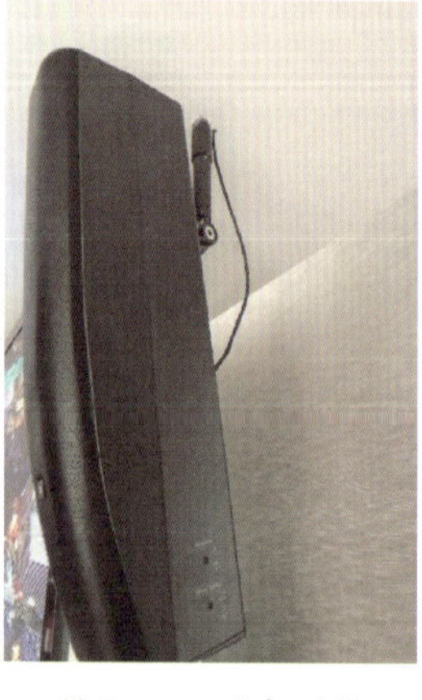

图 7-18　设备歪斜

图 7-19　电线裸露

【原因分析】

(1) 设备安装完成后,被后续施工的人员触碰造成歪斜。

(2) 系统调试阶段为满足调试要求对设备进行角度调整,造成设备歪斜。

(3) 设备选型时未充分考虑线缆布放的要求,吊顶封闭后发现线缆无专用通道,造成线缆裸露布放。

【预控措施】

(1) 施工技术交底应明确音箱等扩声设备安装的标准,系统调试完成后应复查扩声设备安装情况,应满足设计和验收要求。

(2) 悬挂设备应定期检查,防止各种意外造成设备歪斜、破损,注意产品保护。

7.3.3 会议集中控制系统线缆接线的质量控制

【问题描述】

会议系统控制机柜线缆混乱(图 7-20),信号线缆未采用屏蔽线。

图 7-20 线缆布置混乱

【原因分析】

会议系统控制机柜内设备密集、线缆繁多,柜内线缆未捆扎整理,导致机柜整体线缆排布混乱无序。

【预控措施】

(1) 柜内线缆应挂永久标识,各个回路的线缆按照线缆的方向进行捆扎,完成调试后应及时恢复线缆的捆扎。

(2) 机柜内的各类跳线应捆扎整齐,应采用可脱卸式扎带,各类跳线应有标签以便识别其编号(图 7-21)。

(3) 会议系统主机有 220VAC 电源输入,通信线缆应采用带屏蔽功能的线缆。

图 7-21　线缆布置有序

7.4　建筑设备监控系统

7.4.1　系统管线综合的质量控制

【问题描述】

(1) 传感器、控制器等末端设备管路安排不合理,致使设备未可靠固定(图 7-22)。

(2) 明敷管线采用暗敷过路盒配接(图 7-23)。

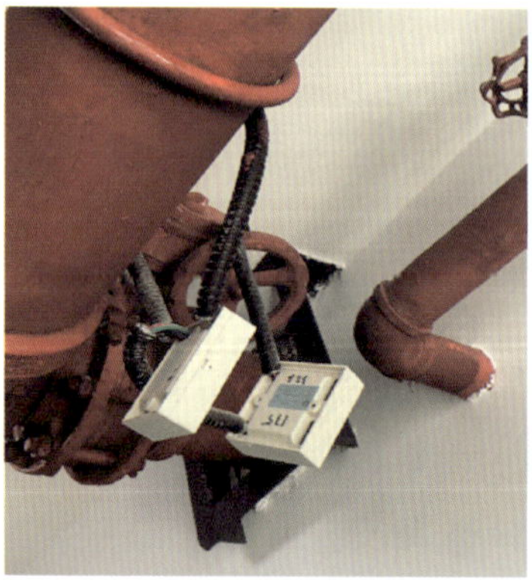

图 7-22　模块脱落

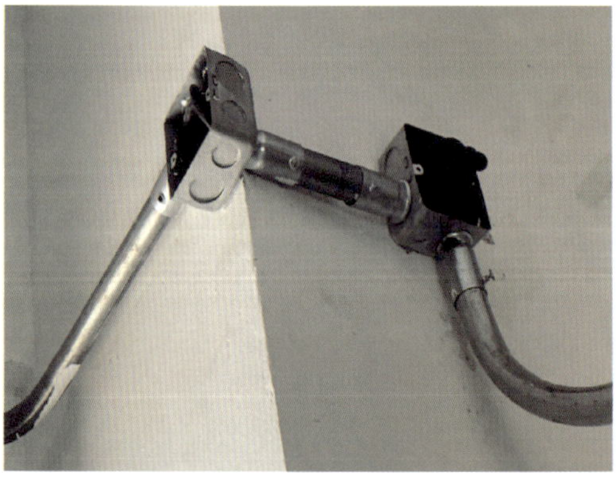

图 7-23　明敷管线采用暗敷过路盒配接

【原因分析】

(1) 设备监控系统监控点位根据被监控设备位置来安装,部分设备安装时因特殊工况难以可靠安装,施工人员采用不可靠的固定方式安装导致设备脱落。

(2) 施工人员对于各种产品的功能并不了解,导致暗盒明敷等情况出现。

【预控措施】

(1) 施工前期建立样板区域,规范各项工艺的施工标准,后续施工严格按照样板区域的标准进行。

(2) 详细进行施工技术交底(模块应配置模块盒并固定可靠),加强现场监督巡查力度(图 7-24)。

(3) 施工交底中对安装困难的点位制定符合其特殊工况的施工方法(图 7-25)。

图 7-24 模块固定可靠

图 7-25 明盒安装

7.4.2 传感器安装的质量控制

【问题描述】

探测器设备接头与金属软管脱开(图 7-26)。

图 7-26 软管脱落

【原因分析】

(1) 金属软管和金属软接头不匹配,安装有误差。

(2) 金属软管长度不够,导致被拉伸,在设备正常运行振动状态下两端断裂。

【预控措施】

(1) 选择合适的金属软管和金属软接头并正常匹配,减小安装误差;严禁通过胶粘等措施强行将金属软管与金属软接头连接(图 7-27)。

(2) 安装金属软管的时候应留有合理的补偿余量,防止出现拉伸、扭转、偏移等情况造成的两端断裂。

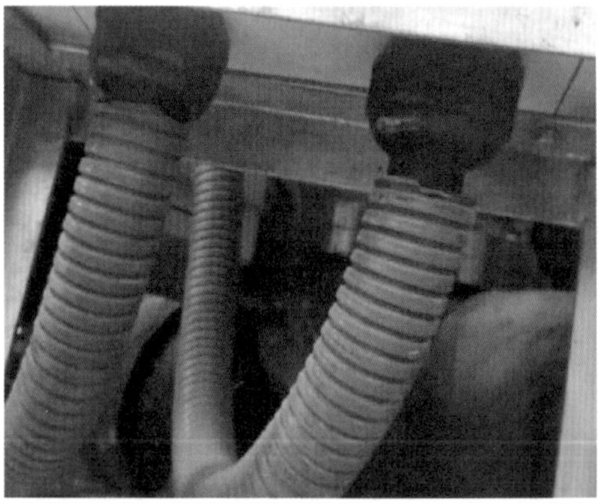

图 7-27 专用接头可靠固定

7.4.3 线缆保护的质量控制

【问题描述】

DDC 配线箱与槽盒穿线口未采取套橡胶护圈等保护措施(图 7-28)。

图 7-28 缺少橡胶护圈等保护措施

【原因分析】

DDC 配线箱安装与穿管布线工作为不同人员,工序交接中存在错误和缺失。

【预控措施】

(1) 由线槽内直接引出电缆时,应采用合适的护圈保护电缆(图 7-29)。

(2) 增加工序交接验收,穿线前应对前道工序(管槽敷设)进行验收,合格后方可进行穿线工作。

图 7-29 增加橡胶护圈

7.4.4 抗信号干扰防护措施的质量控制

【问题描述】

控制线缆与强电线缆共槽敷设,易产生电磁干扰和错误信号,系统运行存在安全隐患(图 7-30)。

图 7-30 强弱电线缆混扎易引发干扰

【原因分析】

(1) 弱电控制线缆分散布置,未考虑采用槽盒敷设,施工班组未配管而是借用其他系统槽盒走线。

(2) 施工班组为区分强弱电线缆,将二者敷设在同一槽盒中,线缆敷设过程中为了固定位置强行把线缆捆扎在一起。

【预控措施】

(1) 施工单位发现问题后应与设计单位沟通,及时提交给相关单位,合理布置控制线缆。

(2) 通过施工技术交底明确安装要求,不同电压等级线缆应留有合理的间隔区间,并加以防护。

7.5 安全技术防范系统

7.5.1 室外设备防雨防水保护的质量控制

【问题描述】

安防设备安装在非密闭式空间内缺少防雨防水措施(图 7-31)。

图 7-31 室外摄像机缺少防雨防水保护

【原因分析】

个别设备安装时不注意设备是否处于室外空间,因此未考虑设备的防雨防水保护。

【预控措施】

对于安装在屋顶层、建筑外立面等特殊区域的设备应配置防雨防水保护罩(图 7-32)。

图 7-32 增加防雨防水保护罩

7.5.2 室外设备防雷保护的质量控制

【问题描述】

(1) 室外摄像机立杆未接地。

(2) 室外摄像机未采取防浪涌保护措施。

【原因分析】

(1) 室外立杆未按设计图纸做单独接地。

(2) 忽视了设置在防雷保护区覆盖范围外的室外设备,未对其采取防浪涌保护措施。

【预控措施】

(1) 施工技术交底中应明确立杆与设备的接地工艺要求;在缺少保护措施的情况下,应与设计沟通并出图,对施工班组进行专项交底。

(2) 立杆基础应预埋接地排,设备安装前应检查接地排安装情况,安装立杆时应考虑立杆、摄像机等设备与接地排的连接(图 7-33)。

(3) 对室外设备采取防浪涌保护须通过设计出图后处理,而非进行专业交底即可。

图 7-33 在预埋阶段做好接地工作

7.5.3 安防槽盒抗震保护的质量控制

【问题描述】

长距离直线段安防槽盒缺少抗震、防晃等保护措施(图 7-34)。

图 7-34 长距离安防槽盒缺少固定支架

【原因分析】

安防系统槽盒在设计中未考虑抗震防晃的要求。

【预控措施】

设计阶段应根据使用需求对安防系统的容量进行测算与评估,对于存在长距离的直线段的槽盒应考虑增设固定(防晃)支架,防止在某些特殊情况下安防系统因震动而导致系统功能性缺失(图 7-35)。

图 7-35 增设固定支架

7.5.4 安防重要设备配管的质量控制

【问题描述】

(1) 门禁控制器采用插座插头方式取电,系统可靠性存在隐患(图 7-36)。

(2) 读卡器或闭门器等设备采用明配管方式,系统安全性存在隐患。

图 7-36 安防机柜直接从侧方插座取电

【原因分析】

门禁电源取电、管线敷设过于随意,容易被切断电源而使系统失去功能。

【预控措施】

(1) 施工技术交底中应对门禁系统管线敷设提出要求(不得明敷),明确电源取电方式、管线敷设方式(图 7-37、图 7-38)。

(2) 对不按要求施工的班组加强教育学习,督促整改落实情况。

图 7-37 安防设备明配管

图 7-38 门磁设备明配管

7.6 机房

7.6.1 静电地板的接地质量控制

【问题描述】

静电地板未可靠接地,存在安全风险(图 7-39)。

图 7-39 静电地板撑脚未接地

【原因分析】

(1) 为防止接地线缆被破坏,通常在整体撑脚施工完成后统一对静电地板进行接地,但这道工序往往被遗漏。

(2) 部分机房图纸上未明确标识有接地系统,施工人员按图施工未考虑系统完整性和可靠性。

【预控措施】

(1) 施工交底中应明确图纸上静电地板的接地工艺(图 7-40)。

(2) 做好施工工序安排,选取合适的阶段进行接地工作。

图 7-40 静电地板撑脚接地

7.6.2 机房内设备的接地质量控制

【问题描述】

(1) 机房内柜门与柜体未有可靠接地连接(图 7-41)。

(2) 一个接地点位接入了两根以上接地线(图 7-42)。

(3) 用其他线缆替代铜芯软导线接地,且未做色标(图 7-43)。

图 7-41 机柜柜门未接地

图 7-42 一个接地端接入三根接地线

【原因分析】

(1) 接地线缆在施工过程中脱落或损坏。

(2) 机柜内未设置专用的接地点或者设置的接地点数量不足。

【预控措施】

(1) 施工交底中明确接地线材质、规格尺寸和连接要求。

(2) 机柜安装后应检查接地线是否与柜内接地端子排可靠连接(图 7-44)。

(3) 线路敷设及接地系统施工前，应编制施工工艺、施工平面图、接线图、安装图、系统图及其他必要技术文件。

(4) 拆除设备自带铜编织线，按设计要求选用接地线(黄绿线)，并与接地端子可靠连接。

图 7-43　非铜芯软导线缆接地

图 7-44　机柜接地

7.6.3　线缆标识、标签的质量控制

【问题描述】

(1) 部分线缆标识、标签破损、缺失。

(2) 标识、标签未统一读识方向，个别标签被线缆遮挡(图 7-45)。

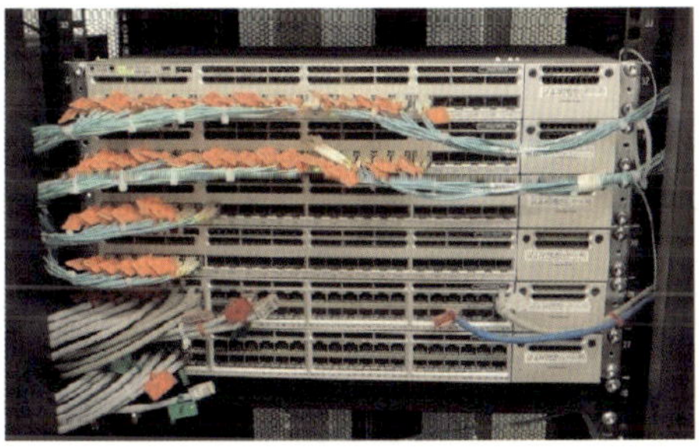

图 7-45　个别标签破损、被遮挡

【原因分析】

(1) 标签未采用耐磨的永久性材料制作，部分标签采用油性笔手写的形式标记。

(2) 在固定线缆前安装了标签，接线时线缆转动致使标签朝向不一。

【预控措施】

(1) 采用专门购置的标签打印机制作标签纸。

(2) 选用经久耐磨的材料制作标签。

(3) 系统穿线、调试完成后须对标签进行统一修复。

线缆标识清晰、朝向统一，如图 7-46 所示。

图 7-46 标识清晰、朝向统一

7.7 防雷与接地

7.7.1 接地系统安装的质量控制

【问题描述】

(1) 接地铜排搭接长度不足,采用斜接(图 7-47)。

(2) 不同材质之间搭接未采取防护措施,导致电腐蚀情况发生(图 7-48)。

图 7-47 接地铜排搭接长度不足、斜接

图 7-48 不同材质直接搭接,未做保护

【原因分析】

(1) 接地铜排搭接长度应达到材质宽度的 2 倍以上,需要在现场对铜排进行后期加工,工人贪图省事以斜面搭接的方式进行连接。

(2) 等电位箱是成品采购,材质为铜排;机房间内的接地系统是现场施工,采用了扁铁;施工人员等未考虑充分,导致现场出现不同材质的搭接。

【预控措施】

(1) 施工交底应以正确的施工图集对班组进行交底,要求班组按照图集上样板进行施工。

(2) 接地系统应在施工前做好系统规划,采用统一的接地材质进行接地网络搭设,尽量避免不同材质之间的互相干扰。当不同材质的搭接不可避免时,应采用搪锡等方式进行技术处理。

(3) 严格按照国家规范对接地系统进行内部验收,确保接地系统安全可靠。

7.7.2 防雷保护区外设备防雷措施的质量控制

【问题描述】

室外安装的设备缺少可靠的防雷保护措施(图 7-49)。

图 7-49 室外设备未考虑防雷措施

【原因分析】

施工人员对室外设备防雷保护认识不足:

(1) 错误地认为机柜埋设于草地上,已与地面接触,属于接地状态。

(2) 错误地认为机柜远低于周围楼栋,不处于雷击区域。

【预控措施】

(1) 编制专项方案,规范室外机柜、设备的接地形式(图 7-50)。

(2) 加强对管理人员、施工人员的教育。

(3) 由专人负责检查接地措施的安全可靠性。

图 7-50 增设避雷措施

8 建筑节能工程

8.1 供暖空调设备及管网节能

8.1.1 变风量箱连接的质量控制

【问题描述】

进入变风量箱的气流流态差，风压波动大，风量和风压传感器检测不准，空调房间温度失调，变风量箱连接不正确(图 8-1)。

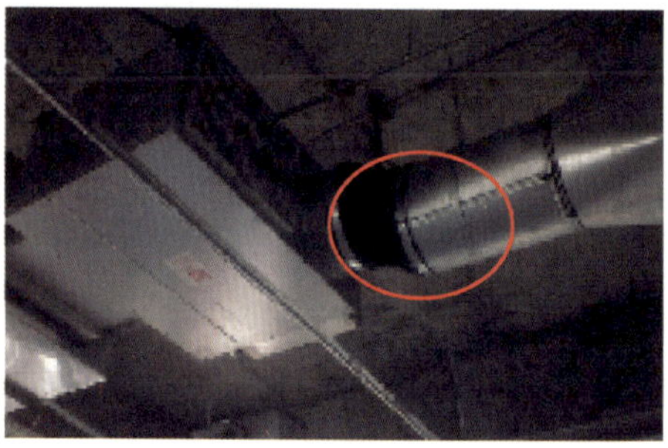

图 8-1 变风量箱的连接不正确

【原因分析】

(1) 分支管未做“天圆地方”，直接与变风量箱连接，或弯头直接与变风量箱连接。

(2) 现场无法提供必要的安装空间，支管带阀门且阀门位置不当。

(3) 动力型设备帆布软接预留过长，且严重偏心。

(4) 直管段距离不足，气流不均匀，检测风量偏差较大。

【预控措施】

(1) 分支管尽量不设置手动调节阀。如进风压力过大需要设置调节阀，其与变风量箱须保持入口直径 3～5 倍距离。

(2) 分支管安装“天圆地方”或弯头后，须保证入口直径 3 倍以上直管与变风量箱连接。

(3) 支管与变风量箱连接时，软接位置应符合规范要求，连接距离在 100～150 mm 以内，且接口位置不得有明显偏差(图 8-2)。

图 8-2 变风量箱的连接正确

8.1.2 风冷式空调机组室外机安装位置的质量控制

【问题描述】

风冷式空调机组室外机安装位置不合理,散热效果差(图 8-3)。

图 8-3 室外机安装位置不合理

【原因分析】

(1) 受建筑条件限制,空调机组进风面或出风口受阻挡,导致进风量不足或热气回流短路。

(2) 空调机组热气出风口正对民居,影响人员生活环境。

【预控措施】

(1) 选择气流通畅位置安装,机组之间保持合理距离(图 8-4)。

(2) 在安装空间条件受限制时,可采用增加导风管、增加辅助通风等措施,防止气流回流短路。

(3) 安装位置尽量远离民居,安装时增加减震和隔音措施。

图 8-4　室外机安装位置合理

8.1.3　管道绝热层的质量控制

【问题描述】

管道保温不密实、胀裂、脱落(图 8-5)。

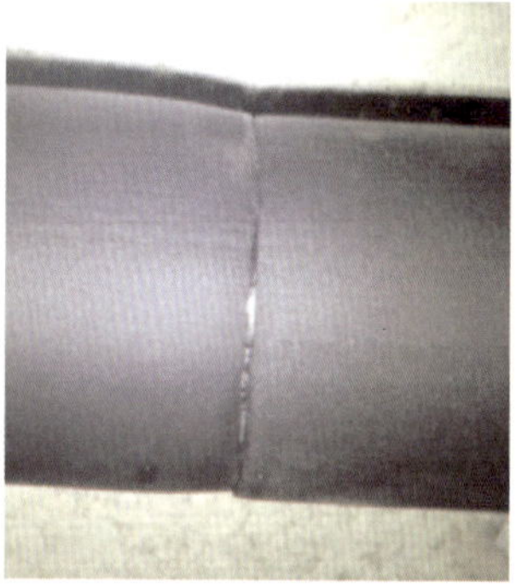

图 8-5　管道保温不密实

【原因分析】

保温绝热材料规格偏小,强行将接缝合拢,时间过长导致开裂;使用的胶水质量差,胶水干化时间过短。

【预控措施】

(1) 保温时,针对三通、弯头等不规则部位事先有方案,并根据实物进行精确测量、精准下料,胶水涂抹均匀(避免为求速度,漏涂胶或少涂胶)。胶水质量须严控,不建议使用保温胶带。

(2) 变径等不均匀时须单独下料,表面应平整。采用板材时,允许偏差为 5 mm;采用涂抹或其他方式时,允许偏差为 10 mm。

(3) 在需要粘接的材料表面涂刷胶水时,应保证薄而均匀,待胶水干化到以手触摸不粘手为最好粘接效果,胶水自然干化时间为 3～8 min。

(4) 如果干胶超过两次,必须把老胶水清除,再可上新胶粘接。

(5) 保温管道的支座处应留膨胀伸缩缝,并用保温碎块材料填塞。

(6) 胶水适用于温度为5～70℃的管道保温层。

(7) 在直线管段上每隔5～7 m处预留一条间隙为5 mm的膨胀缝;在弯管处,管径小于或等于300 mm时,应留一条间隙为20～30 mm膨胀缝。膨胀缝用保温碎块填塞后用胶带包裹。

管道保温措施规范,如图8-6所示。

图8-6 管道保温措施规范

8.1.4 管道绝热层外保护壳的质量控制

【问题描述】

管道外保护管弯头处接头脱落,外保护壳存在逆水搭接现象(图8-7)。

图8-7 管道外保护壳脱落

【原因分析】

(1) 管道弯曲部分壳体放样余量不足,造成保护壳接缝脱开,保温材料外露。

(2) 立管保护壳体由上往下装,出现逆水搭接。

(3) 阀门部位保护壳制作不规范,没有提前考虑阀门检修和维护的需要。

【预控措施】

(1) 外保护壳施工时,要注意接缝的搭接余量、管道的直径和弧度,对于要包裹的保温层的厚度和平整度应符合规范要求。

(2) 保温立管的保护外壳应按由下至上的顺序搭接施工。

(3) 一般阀门保温和外保护壳均需做成可拆卸式。

(4) 直管段保护层外圆应比绝热层外圆周长加长 30~50 mm;环向和纵向搭接的一侧应压出凸筋;环向搭接尺寸不得少于 50 mm,纵向搭接尺寸不得少于 30 mm。

(5) 纵向接口固定时,每片分片上固定螺钉不宜少于 2 个;应顺水搭接,搭接宽度宜为 30~50 mm。

(6) 水平管道金属保护层的环向接缝应沿管道坡向搭至低处,其纵向接缝宜布置在水平中心线下方 15°~45°处,且缝口朝下。

管道外保护壳规范安装,如图 8-8 所示。

图 8-8 管道外保护壳规范安装

8.2 配电与照明节能

8.2.1 母线与母线采用螺栓搭接连接安装质量控制

【问题描述】

母线与母线搭接连接时,连接螺栓拧紧力矩未达到规定值,使母线搭接处接触电阻增大,造成母线搭接处发热,配电系统能耗增高,容易引发火灾事故。

【原因分析】

(1) 施工前,项目部未对母线搭接的施工要求进行详细的施工交底。

(2) 施工人员对母线搭接的施工工艺要求及质量验收要求不熟悉。

(3) 现场没有配备合适规格的力矩扳手计量工具。

(4) 质量验收人员未对母线的搭接质量进行有效的检查。

【预控措施】

(1) 应在施工策划文件中明确母线搭接的施工工艺要求及质量验收规范要求。

(2) 施工前,项目部应对母线搭接的施工要求进行详细的施工交底。

(3) 母线与母线搭接连接,连接螺栓拧紧力矩应符合表 8-1 的规定值。

表 8-1 母线搭接螺栓的拧紧力矩

序号	螺栓规格	力矩值(N·m)
1	M8	8.8~10.8
2	M10	17.7~22.6
3	M12	31.4~39.2
4	M14	51.0~60.8
5	M16	78.5~98.1
6	M18	98.0~127.4
7	M20	156.9~196.2
8	M24	274.6~343.2

(4) 施工完成后,应根据施工质量验收规范的要求,使用力矩扳手对母线搭接的螺栓进行检测复验(图 8-9、图 8-10)。

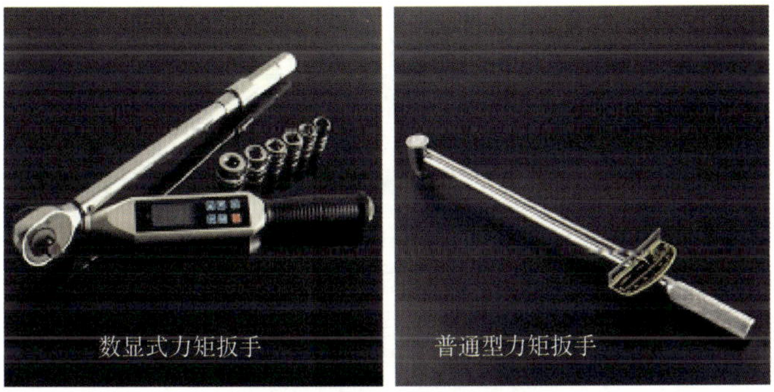

图 8-9 力矩扳手

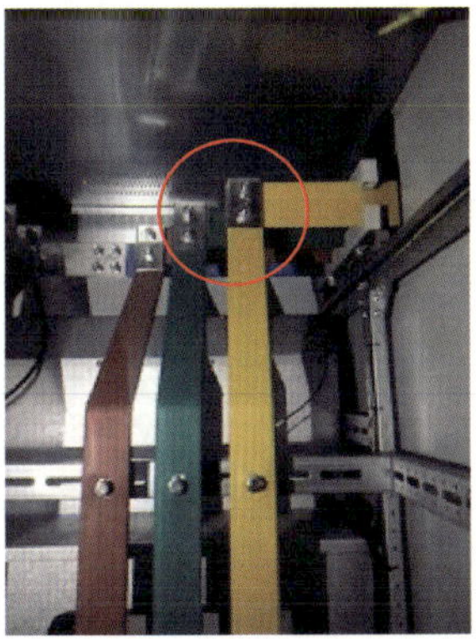

图 8-10 母线搭接螺栓采用力矩扳手按规定值拧紧

8.2.2 交流单芯电缆及分相后的电缆敷设安装质量控制

【问题描述】

(1) 交流单芯电缆并列敷设时,线缆随意排列敷设,造成电缆发热,增加供电线路的损耗(图 8-11)。

(2) 交流电缆分相后,单芯电缆单根穿入,形成闭合铁磁回路的金属配电箱的进线孔后产生涡流,造成导线发热及线路损耗增加,甚至会造成线缆绝缘损坏。

图 8-11 交流单芯电缆随意排列敷设

【原因分析】

(1) 施工人员对交流单芯电缆并列敷设工艺要求不清楚。

(2) 施工前,项目部未对交流单芯电缆并列敷设的施工要求进行详细的施工交底。

(3) 施工人员对交流单芯电缆并列敷设时随意排列会造成的危害认识不足。

(4) 施工人员对交流电缆分相后,单芯电缆单根穿入金属配电箱进线孔,形成闭合铁磁回路会造成的危害认识不足。

【预控措施】

(1) 施工前,项目部应向施工人员就交流单芯电缆并列敷设的施工,以及单芯电缆单根穿入形成闭合铁磁回路的金属配电箱的进线孔的工艺要求,进行详细的施工交底(图 8-12)。

(2) 交流单芯电缆并列敷设时,宜采用"品"字形("三叶"形)敷设(图 8-13)。

(3) 当交流电缆分相后,单芯电缆单根穿入金属配电箱进线孔时,配电箱的单个孔洞不应形成闭合铁磁回路,宜采用有阻断闭合铁磁回路的专用配电箱(图 8-14)。

图 8-12　单芯电缆单根穿入金属接线箱的进线孔

图 8-13　交流单芯电缆并列敷设时采用“品”字形(“三叶”形)敷设

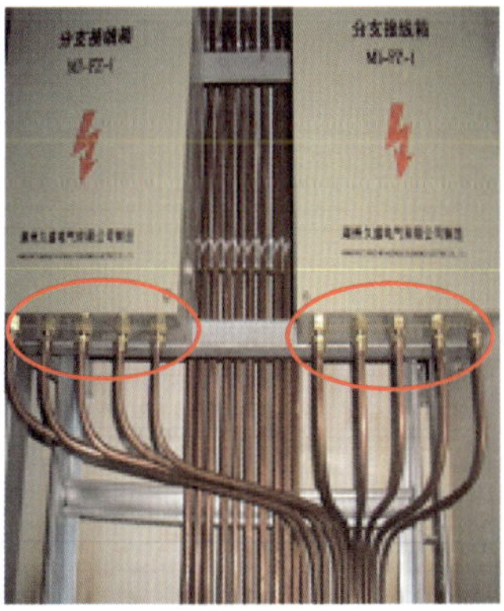

图 8-14　能阻断闭合铁磁回路的专用配电箱

参考文献

[1] GB 50268—2008. 给水排水管道工程施工及验收规范[S].

[2] GB 50243—2016. 通风与空调工程施工质量验收规范[S].

[3] JGJ/T 141—2017. 通风管道技术规程[S].

[4] 中国安装协会通风空调分会. 通风空调工程施工质量图解手册[M]. 北京：中国建筑工业出版社，2011.

[5] 廖雷. 市政工程给排水管网建设存在的问题与对策[J]. 工程技术研究，2022，7(01)：129-130+138.

[6] 陈慧娟，王海涛. 市政工程给排水管道施工中质量控制[J]. 居业，2022(01)：53-54+57.

[7] 蔡宇仕. 建筑给排水设计节水措施的探讨[J]. 山西建筑，2005(11)：136-137.

[8] 尉双平. 房屋建筑给排水管道防渗漏施工技术的要点[J]. 四川水泥，2022(01)：166-167.

[9] 张阿明. 中央空调水系统管道焊接质量控制措施分析[J]. 河南科技，2021，40(35)：44-46.

[10] 谢镇涛. 空调水系统的施工技术及安装要点和难点[J]. 四川水泥，2021(12)：137-138.

[11] 李倩. 超高层建筑空调水系统水力平衡技术研究[J]. 铁道建筑技术，2020(02)：124-127.